获教育部产学合作协同育人项目资助
获山东省自然科学基金重大基础研究项目资助

编程思维训练指导书
——从 Python 程序设计开始

丁艳辉　郑元杰　李晓迪　张永新
王德泉　谯　旭　刘小倩　侯鲁男　编著
陈　静　赵晓晖

电子工业出版社
Publishing House of Electronics Industry
北京·BEIJING

内 容 简 介

本书定位于编程思维训练，依托 Python 程序设计语言，通过丰富的实例，辅助读者实现在编程领域"从 0 到 1"的突破；本书同时配有在线编程实践平台，自动评测，辅助读者进行个性化学习。本书获教育部产学合作协同育人项目及山东省自然科学基金重大基础研究项目资助。

本书逻辑清晰，内容简洁，不仅适合计算机相关专业的低年级同学作为教材使用，也适合其他专业的学生或读者作为编程入门教材使用。

未经许可，不得以任何方式复制或抄袭本书之部分或全部内容。
版权所有，侵权必究。

图书在版编目（CIP）数据

编程思维训练指导书：从 Python 程序设计开始 / 丁艳辉等编著. —北京：电子工业出版社，2021.4
ISBN 978-7-121-41102-1

Ⅰ.①编… Ⅱ.①丁… Ⅲ.①软件工具－程序设计－高等学校－教材 Ⅳ.① TP311.561

中国版本图书馆 CIP 数据核字（2021）第 080040 号

责任编辑：杜 军　　文字编辑：路 越
印　　刷：北京天宇星印刷厂
装　　订：北京天宇星印刷厂
出版发行：电子工业出版社
　　　　　北京市海淀区万寿路 173 信箱　　邮编：100036
开　　本：787×1 092　1/16　印张：13.75　字数：283 千字
版　　次：2021 年 4 月第 1 版
印　　次：2025 年 1 月第 6 次印刷
定　　价：49.00 元

凡所购买电子工业出版社图书有缺损问题，请向购买书店调换。若书店售缺，请与本社发行部联系，联系及邮购电话：(010) 88254888，88258888。

质量投诉请发邮件至 zlts@phei.com.cn，盗版侵权举报请发邮件至 dbqq@phei.com.cn。

本书咨询联系方式：luy@phei.com.cn。

引言

简单来说,编程思维是指计算机科学家思考和解决问题的思维方式。

编程思维训练注重培养分析问题和解决问题的能力,这种思维方式可以跨界应用到其他领域的学习和实践中。本书面向没有任何编程经验的读者,以 Python 作为编程语言,引导读者了解和掌握编程思维。借助书中提供的易于理解的丰富实例、流程图、代码、注释等,以及本书配套的在线编程实践平台,读者可以逐步了解编程思维,逐步掌握程序设计中的核心概念,如变量、数据类型、递归、模块化等。本书配有在线编程实践平台(网址为 http://oj.itoi.sd.cn/),本书配套的 PPT 及代码请发邮件至 dingyanhui@sdnu.edu.cn 获取。

本书将遵循 80/20 法则,不会涵盖 Python 的所有内容。本书以训练编程思维为目标,介绍 Python 程序设计中的核心内容,其他内容读者完全可以通过自学掌握。

感谢山东省自然科学基金重大基础研究项目和教育部产学合作协同育人项目对本书的联合资助。感谢电子工业出版社领导和编辑给予的大力帮助和支持。在本书编写过程中,笔者参阅了大量国内外专著、教材、开源项目、练习题,虽然书中对参考文献进行了标注,但难免挂一漏万,敬请相关作者见谅。写一本书是一个长期、反复打磨的过程,对于本书的不足之处,望各位读者不吝赐教。

非常感谢王化雨老师、赵晓晖老师、谭金波老师、魏哲学老师对本书提出宝贵的修改建议。非常感谢信息科学与工程学院、数学与统计学院、教育学部的学生在上课过程中,对本书提出的宝贵建议。

编著者

目 录

第 1 章 Python 简介 ·· 1

1.1 编程思维 ··· 1
1.2 Python 发展历史 ··· 2
    1.2.1 Python 简介 ·· 2
    1.2.2 Python 的特点 ·· 3
1.3 课程辅助平台介绍 ··· 4

第 2 章 编写第一个程序 ··· 5

2.1 入门实例——Hello World! ·· 5
    2.1.1 安装 Python 3.x 版本 ·· 5
    2.1.2 交互模式 ·· 6
    2.1.3 脚本模式 ·· 7
2.2 相关知识点 ·· 10
2.3 整章知识点 ·· 12
2.4 进阶实例 ·· 18
2.5 小结 ·· 18

第 3 章 基本数据类型 ··· 19

3.1 入门实例——年龄计算器 ··· 19
3.2 相关知识点 ·· 20
3.3 基本数据类型知识点 ··· 21
3.4 进阶实例 ·· 37
3.5 小结 ·· 38

第 4 章 选择结构 ·· 39

4.1 入门实例——数字比大小游戏 ·· 39
4.2 相关知识点 ·· 40
4.3 选择结构知识点 ··· 42
4.4 进阶实例 ·· 49
4.5 小结 ·· 52

第 5 章 循环结构 ·········· 53

- 5.1 入门实例——"石头－剪刀－布"游戏升级版 ·········· 53
- 5.2 相关知识点 ·········· 55
- 5.3 循环结构知识点 ·········· 56
- 5.4 进阶实例 ·········· 68
- 5.5 小结 ·········· 72

第 6 章 函数 ·········· 73

- 6.1 入门实例——计算任意整数的阶乘 ·········· 73
- 6.2 相关知识点 ·········· 75
- 6.3 函数知识点 ·········· 77
- 6.4 进阶实例 ·········· 93
- 6.5 小结 ·········· 100

第 7 章 海龟绘图 ·········· 101

- 7.1 入门实例——第一只海龟 ·········· 101
- 7.2 相关知识点 ·········· 102
- 7.3 海龟绘图知识点 ·········· 103
- 7.4 进阶实例 ·········· 111
- 7.5 小结 ·········· 115

第 8 章 列表 ·········· 116

- 8.1 入门实例——彩虹的颜色 ·········· 116
- 8.2 相关知识点 ·········· 117
- 8.3 列表知识点 ·········· 118
- 8.4 进阶实例 ·········· 124
- 8.5 小结 ·········· 125

第 9 章 元组 ·········· 126

- 9.1 入门实例——学生信息 ·········· 126
- 9.2 相关知识点 ·········· 126
- 9.3 元组知识点 ·········· 127
- 9.4 进阶实例 ·········· 131
- 9.5 小结 ·········· 131

第 10 章　字典 … 132

- 10.1　入门实例——电话号码簿 … 132
- 10.2　相关知识点 … 133
- 10.3　字典知识点 … 133
- 10.4　进阶实例 … 137
- 10.5　小结 … 142

第 11 章　模块 … 143

- 11.1　入门实例——计算机随机选择"石头""剪刀""布" … 143
- 11.2　相关知识点 … 144
- 11.3　模块知识点 … 144
- 11.4　进阶实例 … 152
- 11.5　小结 … 153

第 12 章　文件操作 … 154

- 12.1　入门实例——读取文字迷宫 … 154
- 12.2　相关知识点 … 156
- 12.3　文件操作知识点 … 157
- 12.4　进阶实例 … 166
- 12.5　小结 … 166

第 13 章　类和对象 … 167

- 13.1　入门实例——汽车类 … 167
- 13.2　相关知识点 … 168
- 13.3　类和对象知识点 … 171
- 13.4　进阶实例 … 176
- 13.5　小结 … 179

第 14 章　Python 操作数据库 … 180

- 14.1　入门实例——创建一张关系表 … 180
- 14.2　相关知识点 … 181
- 14.3　Python 操作数据库知识点 … 182
- 14.4　进阶实例 … 189
- 14.5　小结 … 197

第 15 章　GUI 编程 ·· 198

15.1　入门实例——第一个窗口程序 ·· 198
15.2　相关知识点 ·· 199
15.3　GUI 编程知识点 ··· 200
15.4　进阶实例 ··· 207
15.5　小结 ··· 209

第1章 Python 简介

本章学习重点

- 编程思维简介
- Python 发展历史
- 课程辅助平台

1.1 编程思维

简单来说，编程思维是指计算机科学家思考和解决问题的思维方式。这种思维方式汇聚了数学、工程学和自然科学的精华。计算机科学家像数学家一样，使用规范化的语言来阐述思想（特别是一些计算）；计算机科学家像工程师一样，设计、组装系统，并且在多重选择中寻找最优解；计算机科学家像自然科学家一样，观察复杂系统的行为模式，建立猜想，并测试预估的结果。

编程思维和程序是不一样的。程序是指为了完成某项任务，用计算机语言编写的一组指令的有序集合。编程思维帮助我们找到解决问题的思路和方案，程序帮助我们把解决问题的方案具体实现，并交付给计算机去执行。因此，平时在解决问题时，并不是直接编写程序，而是分成以下几个步骤：①规划出解决问题的思路（算法或伪代码）；②利用编程语言写出程序；③运行程序。

不同的编程语言在语法和细节上存在差异，但几乎所有的编程语言都包含一些基础指令。

- **输入系统**：从键盘、文件、网络或者其他设备上获得数据。
- **输出系统**：将数据在屏幕上显示，或者存到文件中、通过网络发送等。
- **数学运算**：进行基本的数学操作，如加法、乘法等。
- **条件判断**：检查特定的条件是否满足，以运行相应的代码。
- **重复判断**：重复执行一些操作（通常会有些变化）。

编程的过程可以理解成一个将复杂任务进行分解并逐步解决的过程。将任务分解至适合使用上述的基本指令来解决为止。

因此，从本质上来说，编程思维就是能够把现实生活中的复杂问题按步骤解决。首先，逐步拆分成可理解的小问题；其次，根据已有的知识和经验，找出新问题和以前解决过的问题的相似性，举一反三找出规律；再次，将问题里涉及的数据抽象到数据结构，将数据处理过程中的可重复执行部分抽象成函数模块，重复执行；最后，根据前三步的分析成果，设计步骤，写出算法，从而解决问题。

举个实际的例子，一副扑克牌，共 n 张。现在随机取走一张，如何快速判断出取走的是哪一张？如果掌握了编程思维，就可以帮助你高效地解决该问题。

编程思维注重培养分析问题、解决问题的能力，这种思维方式可以跨界应用到其他领域的学习和实践中。在本书中，我们将通过学习 Python 程序设计，来帮助读者了解和掌握编程思维。

1.2 Python 发展历史

1.2.1 Python 简介

Python 是一款易于学习且功能强大的编程语言，具有高效率的数据结构，能够简单有效地实现面向对象编程。

2020 年 1 月，TIOBE 编程语言排行榜上，排名前十位的分别是：Java、C、Python、C++、C#、Visual Basic .NET、JavaScript、PHP、SQL 和 Swift，其中 Python 位于第三位。Top 10 编程语言的走势图如图 1-1 所示。（TIOBE 编程语言排行榜每月更新一次，依据的指数是由世界范围内的资深软件工程师和第三方供应商提供的，其结果作为当前业内编程语言的使用流行程度的有效指标。）

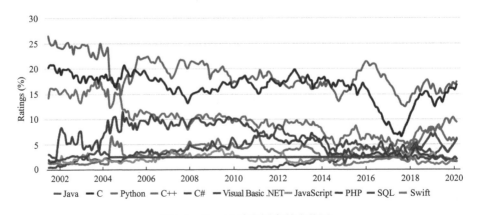

图 1-1　Top 10 编程语言的走势图

Python 的创作者是荷兰人 Guido van Rossum（吉多·范罗苏姆）。1982 年，Guido van Rossum 毕业于阿姆斯特丹大学，获得数学和计算机硕士学位。Guido van Rossum 在荷兰 CWI（Centrum Wiskunde & Informatica）研究所工作期间，项目组需要一种简单、易扩展且跨平台的脚本语言。在 1989 年的圣诞节，Guido van Rossum 开始编写 Python 语言的编译器。"Python" 来源于 BBC 电视剧 *Monty Python's Flying Circus*。

Python 的第一个公开发行版于 1991 年发行，属于自由软件，源代码和解释器（CPython）都遵循 GPL 协议。

Python 的发展时间线如下。

- 1989 年圣诞节，Guido von Rossum 开始写 Python 编译器。
- 1991 年 2 月，第一个 Python 编译器（同时也是解释器）诞生，它是用 C 语言实现的，可以调用 C 语言的库函数。
- 1994 年 1 月，Python 1.0 发布。
- 2000 年 10 月，Python 2.0 发布。Python 2.0 增加了实现完整的垃圾回收功能，并且支持 Unicode。与此同时，Python 的整个开发过程更加透明，社区对开发进度的影响逐渐扩大，生态圈开始慢慢形成。
- 2004 年 11 月，Python 2.4 发布，Python 2.4 是 Python 2.x 的经典实用版本。
- 2005 年，Django 框架发布。
- 2008 年 10 月，Python 2.6 发布。该版本增加了许多兼容的语法。
- 2008 年 12 月，Python 3.0 发布。
- 2010 年 7 月，Flask 框架发布。
- 2014 年 4 月，Guido van Rossum 宣布 Python 2.7 支持时间延长到 2020 年。
- 2016 年 12 月，Python 3.6 发布。
- 2018 年 3 月，Python 3.6.5 发布。
- 2019 年 7 月，Python 3.7 发布。
- 2019 年 10 月，Python 3.8 发布。

1.2.2 Python 的特点

Python 的特点很多，可以简单总结为以下几点：

- 简单，易于学习；
- 开放源代码，拥有强大的社区和生态圈；
- 解释型语言，有完美的平台可移植性；
- 支持两种主流的编程范式；

- 具有可扩展性和可嵌入性，可以调用 C/C++ 代码，也可以在 C/C++ 中调用；
- 代码规范程度高，可读性强；
- 被广泛应用至 Web 应用程序、科学计算、人工智能等领域。

1.3 课程辅助平台介绍

建构主义学习理论是认知学习理论的一个重要分支。建构主义认为，知识的获得不是学生简单接受或复制的过程，而是积极主动建构的过程。建构主义提倡在**教师指导下的、以学生为中心的学习**。本书以建构主义学习理论为指导，遵循教育学的认知规律，以促进学生个性化发展、提升学生的培养质量、辅助教师教学工作作为总体目标，通过研发在线编程实践平台，辅助读者实现个性化学习路线规划和实践能力提升；辅助教师及时掌握教学情况，实现教学水平的不断提升。

课程辅助平台侧重于小程序的自动评测，方便学生进行自主练习。学生提交代码后，平台自动进行评测，并反馈出错误类型，帮助学生开展自主学习，提高动手能力。

第 2 章 编写第一个程序

本章学习重点

- 交互模式
- 脚本模式
- 注释
- input( ) 函数
- print( ) 函数

2.1 入门实例——Hello World!

当学习一门新语言时,通常第一例子是写一个小程序,在屏幕上显示"Hello World!"。

2.1.1 安装 Python 3.x 版本

Python 3.x 版本的下载地址为 https://www.python.org/downloads。

安装成功后,查看"开始"→"所有程序"→"Python 3.x",显示 Python 程序目录,如图 2-1 所示。

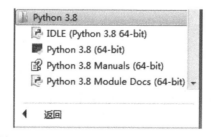

图 2-1 Python 程序目录

2.1.2 交互模式

启动交互模式，输入 print（'Hello World!'），查看运行结果。键入 quit( ) 退出交互模式，如图 2-2 至图 2-4 所示。

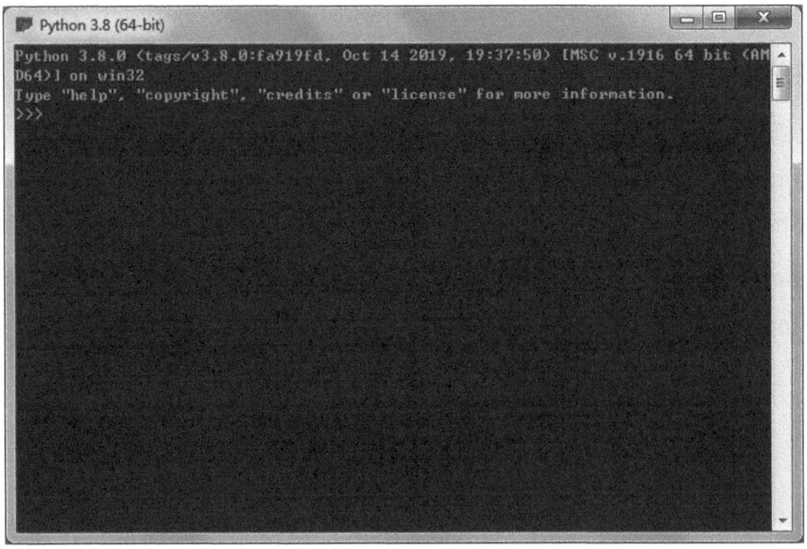

图 2-2 交互模式

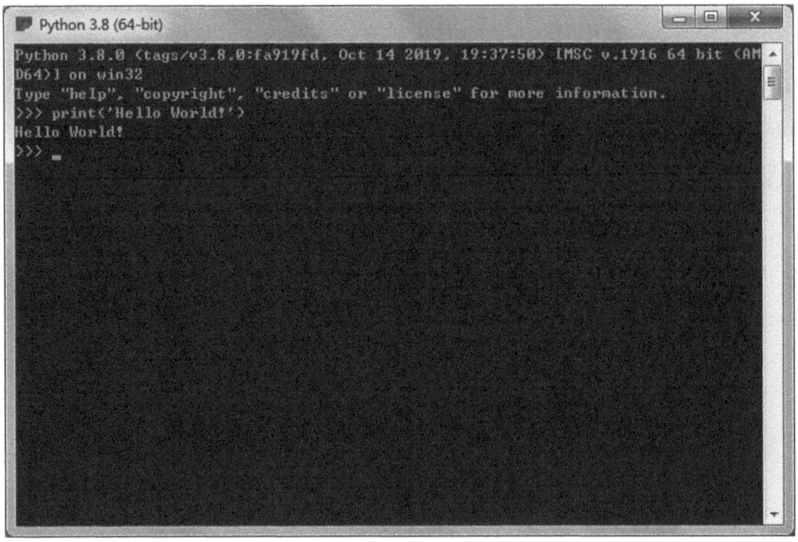

图 2-3 显示"Hello World！"

图 2-4　退出交互模式

2.1.3　脚本模式

（1）启动 IDLE（Integrated Development and Learning Environment），IDLE 窗口如图 2-5 所示。

图 2-5　IDLE 窗口

（2）新建程序文件（"File"→"New File"），如图 2-6 所示。

图 2-6　新建程序文件

（3）编写程序，如图 2-7 所示。

图 2-7　编写程序

(4) 保存程序 "hello_word.py"，如图 2-8 所示。

图 2-8　保存程序 "hello_word.py"

(5) 运行程序，查看运行结果，如图 2-9 和图 2-10 所示。

图 2-9　运行程序

图 2-10 查看运行结果

Program 2-1 (code\ch2\hello_world.py)

程序要求：实现第一个"Hello World!"程序。

输入：无

输出：Hello World!

程序代码：

```
1  # 这是第一个程序
2  print("Hello World!")
```

执行结果：

```
Hello World!
```

使用交互模式或脚本模式，二者的效果是一样的。区别在于，使用脚本模式更易于保存和修改程序。另外，脚本模式也便于添加注释信息。

2.2 相关知识点

这是第一个程序
　①

```
print("Hello World!")
    ②      ③
```

注释：

① # 表示注释信息。

② print( ) 函数是一个系统内置函数，print( ) 函数的功能是在屏幕上输出指定内容。

③ 表示待输出的内容。

知识点 2-1　注释

（1） # 用于单行注释。

（2） ''' '''用于多行注释。

Program 2-2 (code\ch2\comment.py)

程序要求：显示学生的姓名和邮箱。

输入：无

输出：学生的姓名和邮箱

程序代码：

```
1  # 第一行显示学生的姓名
2  # 第二行显示学生的邮箱
3  print(" 李明 ")
4  print("liming@sdnu.edu.cn")
```

执行结果：

李明

liming@sdnu.edu.cn

Program 2-3 (code\ch2\multiple_line_comments.py)

程序要求：输出问候。

输入：无

输出：你好，李明！

程序代码：

```
1  '''
2  @ 程序名称：multiple_line_comments.py
```

```
3  @作者: Dr. Ding
4  @创建日期: 2020 年 2 月 1 日
5  '''
6  print("你好,李明!")
```

程序结果:

你好,李明!

2.3 整章知识点

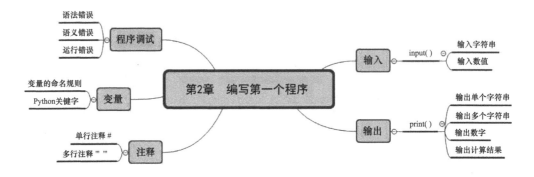

知识点 2-2 print( )函数

print( )函数是一个系统内置函数,print( )函数的功能是在屏幕上输出指定的内容。print( )函数可以输出字符串、数字、计算结果等。

Example 2-1 〉 输出单个字符串

```
>>> print("abc")
abc
>>>print("Welcome to China!")
Welcome to China!
```

Example 2-2 〉 输出多个字符串

```
>>>print("Hello","China!")
Hello China!
```

Example 2-3 输出数字

```
>>> print(4)
4
>>> print(3.14)
3.14
```

Example 2-4 输出计算结果

```
>>> print(2-3)
-1
```

知识点 2-3　变量的定义与使用

程序使用变量来访问和操作存储在内存中的数据。赋值语句可以将表达式的值赋值给一个变量。

语法格式：

变量名 = 表达式

其中，"="为赋值运算符，表示将右侧表达式的值通过赋值运算符，赋值给左侧的变量名。

Example 2-5 变量的赋值过程

```
>>>message = "Hello World!"
>>>age = 19
>>>pi = 3.1415926
```

变量的赋值过程如图 2-11 至图 2-13 所示。

首先，将字符串"Hello World!"存储在一块可用的内存中。

图 2-11　变量的赋值过程（1）

其次，为这块内存贴一个标签，记为 message。

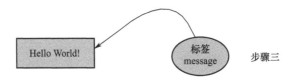

图 2-12 变量的赋值过程（2）

最后，使用标签 message，即可访问内存中的值，这里的标签 message 称为变量。

图 2-13 变量的赋值过程（3）

知识点 2-4 变量名命名规则

在 Python 中，使用变量无须提前说明变量的类型。有效的和无效的变量名如表 2-1 所示。

表 2-1 有效的和无效的变量名

有效的变量名	无效的变量名	备 注
born_year	born year	变量名中不能包含空格
pi	3pi	变量名不能以数字开头
age	int	Python 关键字不能作为变量名
age	'age'	特殊的符号不能作为变量名

命名变量时，应注意如下事项。

（1）变量名只能包含字符、数字和下画线。变量名不能以数字开头。

（2）变量名不能包含空格。

（3）Python 保留字不能作为变量名。

（4）变量名最好既简短又具有一定的描述性。例如，age 比 a 好，compay_name 比 c_n 好，name_length 比 length_of_company_name 好。

（5）变量名对大小写字母敏感，age 和 Age 表示两个不同的变量。建议在程序中，变量名尽量使用小写字母，不要使用大写字母。

知识点 2-5 保留字（关键字）

在 Python 中，系统预先定义的标识符称为保留字（关键字），如表 2-2 所示。变量名不能使用保留字。在 IDLE 中，保留字会用特殊的颜色进行标识，不允许重新被定义。

表 2-2　Python 的保留字

False	await	else	import	pass
None	break	except	in	raise
True	class	finally	is	return
and	continue	for	lambda	try
as	def	from	nonlocal	while
assert	del	global	Not	with
async	elif	if	of	yield

备注：Python 中的保留字可以通过 keyword 模块的 kwlist 查看。

```
>>> import keyword
>>> keyword.kwlist
['False', 'None', 'True', 'and', 'as', 'assert', 'async',
'await', 'break', 'class', 'continue', 'def', 'del',
'elif', 'else', 'except', 'finally', 'for', 'from',
'global', 'if', 'import', 'in', 'is', 'lambda',
'nonlocal', 'not', 'or', 'pass', 'raise', 'return', 'try',
'while', 'with', 'yield']
```

知识点 2-6　input( ) 函数

input( ) 函数是一个系统内置函数。
语法格式：
input([prompt])　#prompt 表示提示信息

input( ) 函数的功能是中断程序的运行，显示提示信息，等待用户输入。当用户结束输入后，input( ) 函数将用户的输入以字符串的形式返回。

input( ) 函数的工作过程如下。

（1）当解释器发现调用 input( ) 函数时，在 Python Shell 中显示提示信息，等待用户输入。

（2）解释器等待用户输入的结束（回车键）。

（3）用户输入的信息以字符串的形式返回至代码（通常用变量保存，供后面的代码使用）。

Program 2-4 (code\ch2\hello_name.py)

程序要求：利用 input( ) 函数输入用户的姓名。

输入：用户的姓名

输出：Hello，用户的姓名

程序代码：

```
1  #利用input()函数输入用户的姓名
2  name = input("请输入您的姓名：\n")  #name是一个变量，保存用户输入的信息
3  print("Hello,", name)
```

运行结果：

```
请输入您的姓名：
Dr. Zhang
Hello, Dr. Zhang
```

Program 2-5 (code\ch2\input_digit.py)

程序要求：利用 input( ) 函数输入数字。

程序代码：

```
1  #练习利用input()函数输入数字
2  age = int(input("请输入您的年龄：\n"))    #详见第3章数据类型转化
3  print("您的年龄是：",age)
```

执行结果：

```
请输入您的年龄：
20
您的年龄是：20
```

知识点 2-7 程序调试

程序中的错误一般被称为 Bug（请读者考虑一下，为什么这么称呼呢？）。程序一般会有三种类型的错误：语法错误、语义错误和运行错误，区分这三种类型的错误有助于快速地追踪错误。

（1）语法错误

语法错误是指不遵循 Python 的语法结构引起的错误，如括号要成对使用等。如果程序中出现语法错误，程序会中断执行，返回错误信息。

常见的语法错误有以下 3 种。
- 缺少某些必要的符号（冒号、括号等）。
- 关键字拼写错误。
- 缩进不正确。

例如，
```
>>> print('Hello World)        # 缺少 '
SyntaxError: EOL while scanning string literal
```

（2）语义错误

语义错误（也称为逻辑错误）是指一个程序可以通过编译，没有抛出错误信息，但是得到的运行结果是错误的，或者不是所期望的结果。

常见的语义错误有以下 3 种。
- 运算符优先级考虑不周。
- 变量名使用不正确。
- 语句块缩进层次不对。

例如，计算两个数的平均数，正确的写法应该是 (a+b)/2。
```
>>> a = 4
>>> b = 5
>>> avg = a+b/2
>>> print(avg)
6.5
```

（3）运行错误

运行错误是指直到程序运行时才出现的错误，这种错误也被称为异常。

常见的运行错误有以下 3 种。
- 除数为 0（ZeroDivisionError）。
- 打开的文件不存在（FileNotFoundError）。
- 导入的模块没被找到（ImportError）。

例如，
```
>>> a = 4
>>> b = 0
>>> a/b
Traceback (most recent call last):
  File "<pyshell#4>", line 1, in <module>
    a/b
ZeroDivisionError: division by zero
```

2.4 进阶实例

（1）求和

程序要求：计算三个整数的和。

输入：用户输入三个整数（每行输入一个整数）

输出：三个整数的和

（代码详见 code\ch2\sum_three_numbers.py）

（2）求平方

程序要求：计算一个整数的平方。

输入：一个整数

输出：整数的平方

（代码详见 code\ch2\n_square.py）

2.5 小结

本章主要介绍了通过交互模式和脚本模式完成程序的编写和运行；建议用户养成注释的编程习惯；本章对涉及的 input( ) 函数、print( ) 函数、变量知识点进行了介绍。

第3章 基本数据类型

本章学习重点

- 数据类型
- 数值类型（整型、浮点型）
- 布尔类型
- 字符串类型
- 算术运算符、比较运算符、逻辑运算符
- 运算符优先级

3.1 入门实例——年龄计算器

Program 3-1 (code\ch3\age_calculation.py)

程序要求：实现一个年龄计算器。

输入：用户的姓名和用户的出生年份

输出：用户的姓名和用户的年龄

Program 3-1 流程图如图 3-1 所示。

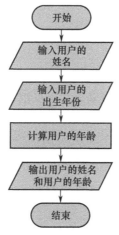

图 3-1　Program 3-1 流程图

程序代码：

```
1   # 年龄计算器
2   # 输入姓名
3   name = input("请输入您的姓名：\n")
4   # 输入出生年份
5   born_year = input("请输入您的出生年份：\n")
6   # 年龄计算，当前是2021年
7   age = 2021 - int(born_year)
8   # 输出结果
9   print("您的姓名：", name)
10  print("您的年龄：", age, "岁")
```

执行结果：

请输入您的姓名：
李明
请输入您的出生年份：
2000
您的姓名：李明
您的年龄：21 岁

▶ 3.2 相关知识点

（1）

```
name = input("请输入您的姓名：\n")
 ①       ②          ③        ④
```

注释：

① 变量 name，用于保存用户的姓名；

② input() 函数是一个系统内置函数（详见第 2 章中的知识点 2-6）；

③ 提示信息；

④ \n 是换行符。

（2）

```
age = 2021 - int(born_year)
 ①              ②
```

第 3 章 基本数据类型

注释：

① 变量 age，用于保存用户的年龄；

② 将 string（字符串）类型转换为 int（整型）类型；

input( ) 函数返回的数据类型是字符串类型。当计算用户的年龄时，需要进行减法运算（2021－出生年份）。因此，首先需要将变量 born_year 的值由字符串类型转换为数值类型，然后进行计算。int(born_year) 是将变量 born_year 的值从字符串类型转换为整型。

▶ 3.3 基本数据类型知识点

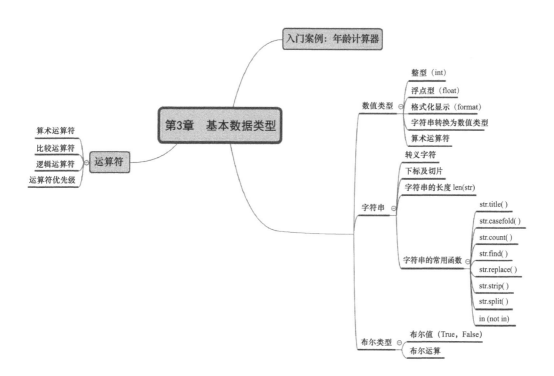

知识点 3-1 数据类型

数据类型是一个重要的概念。在 Python 中，每个变量或值都有所属的数据类型，不同的数据类型可以执行不同的操作。利用内置 type( ) 函数可以查看一个值（或变量）的数据类型。Python 中常见的数据类型如表 3-1 所示。

表 3-1 Python 中常见的数据类型

数 据 类 型	示　　　例
int	−5,−3,−1,0, 1,2,3,4,5
float	−3.14, −2.0, −0.5, 0.0, 0.1,1.26
str	'a', 'aa', 'hello', 'hello world', 'Hello 123'
age	'age'

Example 3-1 利用 type( ) 函数查看不同值的数据类型

```
>>> type(-5)
<class 'int'>
>>> type(0)
<class 'int'>
>>> type(-3.14)
<class 'float'>
>>> type('a')
<class 'str'>
>>> type('hello 123')
<class 'str'>
```

知识点 3-2　数值类型

数值类型用于存储数值，包括整型（int）和浮点型（float）。当整型和浮点型混合计算时，Python 会把整型转换为浮点型。

Example 3-2 整型和浮点型混合运算

```
>>> x = 10
>>> type(x)
<class 'int'>
>>> y = 20.0
>>> type(y)
<class 'float'>
>>> s = x+y
>>> type(s)
<class 'float'>
```

```
>>> print(s)
30.0
```

(1) 数字的格式化显示

语法格式：

```
format(value[, format_spec])
```

将 value 值转换为 format_spec 控制的"格式化"表示。

Example 3-3 〉格式化示例

```
>>> pi = 3.1415926
>>> print(format(pi, '.2f'))        # 保留小数点后两位
3.14
>>> x = 1234.5678
>>> print(format(x,'.1f'))          # 保留小数点后一位
1234.6
```

(2) 字符串类型转换为数值类型

input( ) 函数将用户的输入返回为字符串类型，导致无法进行数学运算。

Example 3-4 〉

```
>>> # 请输入变量 x 的值
>>> x=input()
5
>>> type(x)
<class 'str'>
>>> # 请输入变量 y 的值
>>> y=input()
6
>>> type(y)
<class 'str'>
>>> print(x+y)
56
```

上述例子的结果显示为 56，并不是 5+6=11。原因在于 x 和 y 的当前数据类型为字符串类型，不是数值类型，"+"表示字符串的连接，而不是进行算术运算。因此，为了进行数学运算，需要将字符串类型转化为数值类型。

数值类型转换函数如表 3-2 所示。

表 3-2　数值类型转换函数

函　数	描　述
int( )	将传入的参数转换为整型
float( )	将传入的参数转换为浮点型

Example 3-5

```
>>>born_year = input("请输入您的出生年份：\n")
>>>2000
>>> type(born_year)
<class 'str'>
```

input( ) 函数返回的数据类型是字符串类型。而计算用户的年龄，需要进行减法运算（2021－出生年）。因此，首先需要将变量 born_year 的值由字符串类型转换为数值型，然后再进行计算。

int(born_year) 是将 born_year 的值从字符串类型转换为整型。

Example 3-6

```
>>> type(int(born_year))
<class 'int'>
```

Program 3-2 (code\ch3\sum.py)

程序要求：计算两个整数的和。

输入：两个整数

输出：两个整数的和

Program 3-2 流程图如图 3-2 所示。

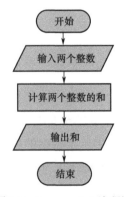

图 3-2　Program 3-2 流程图

第 3 章 基本数据类型

程序代码：

```
1   # 计算两个整数的和
2   # 请输入变量 x 的值
3   print("请输入第一个整数:\n")
4   x=input()
5   # 请输入变量 y 的值
6   print("请输入第二个整数:\n")
7   y=input()
8   # 对 x,y 进行类型转换，然后求和
9   sum=int(x)+int(y)
10  # 输出两个数的和
11  print("两个整数的和:",sum)
```

执行结果：

请输入第一个整数：
3
请输入第二个整数：
4
两个整数的和：7

Program 3-3 (code\ch3\person_info.py)

程序要求：显示用户的姓名、年龄和工资。

输入：输入用户的姓名、年龄和工资

输出：输出用户的姓名、年龄和工资

Program 3-3 流程图如图 3-3 所示。

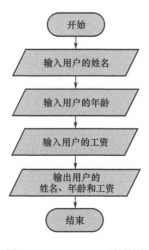

图 3-3　Program 3-3 流程图

程序代码：

```
1   # 请输入您的姓名、年龄和工资
2   name = input("请输入您的姓名：\n")
3   age = int(input("请输入您的年龄：\n"))
4   income = float(input("请输入您的工资：\n "))
5   # 显示信息
6   print("您输入的信息如下：")
7   print("姓名：", name)
8   print("年龄：", age)
9   print("工资：", format(income,'.2f'))
```

运行结果：

请输入您的姓名：

李明

请输入您的年龄：

25

请输入您的工资：

8000

您输入的信息如下：

姓名：李明

年龄：25

工资：8000.00

知识点 3-3　算术运算符

Python 中常见的算术运算符如表 3-3 所示。

表 3-3　Python 中常见的算术运算符

符　　号	操　　作
+	加
-	减
*	乘
/	除
//	整除
%	取余
**	幂

Example 3-7 算术运算符示例

```
>>> print(2+3)
5
>>> print(2-3)
-1
>>> print(2*3)
6
>>> print(2/3)
0.6666666666666666
>>> print(2//3)
0
>>> print(2%3)
2
>>> print(2**3)
8
```

Program 3-4 (code\ch3\price_discount.py)

程序要求：计算商品打折后的销售价格（八折）。

输入：商品的原价

输出：商品打折后的销售价格

Program 3-4 流程图如图 3-4 所示。

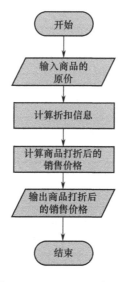

图 3-4　Program 3-4 流程图

程序代码：

```
1  # 请输入商品的原价
2  original_price = float(input("请输入商品的原价：\n"))
3  # 计算折扣信息
4  discount = original_price*0.2
5  # 计算打折后的销售价格
6  final_price = original_price-discount
7  # 显示销售价格
8  print("商品的最终销售价格为：", format(final_price,'.2f'))
```

执行结果：

请输入商品的原价：
200
商品的最终销售价格为：160.00

Program 3-5 (code\ch3\time_calculation.py)

程序要求：根据输入的秒数，换算成"小时-分钟-秒"。

输入：秒数

输出：对应的"小时-分钟-秒"

Program 3-5 流程图如图 3-5 所示。

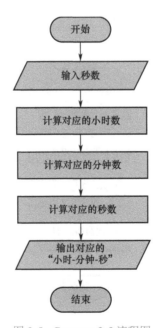

图 3-5　Program 3-5 流程图

程序代码：

```
1   # 请输入秒数
2   total_secs = int(input("请输入秒数：\n"))
3   hours = total_secs // 3600
4   secs_still_remaining = total_secs % 3600
5   minutes = secs_still_remaining // 60
6   secs_finally_remaining = secs_still_remaining % 60
7   print(total_secs, "秒 =",hours, " 小时 ",minutes, " 分钟 ",secs_finally_remaining, " 秒 ")
```

运行结果：

请输入秒数：
500
500 秒 = 0 小时 8 分钟 20 秒

知识点 3-4　字符串

字符串是指一串有序的字符。在 Python 中，使用单引号、双引号或三重引号将字符串括起来表示。

```
>>> s = "This is Tom!"
>>> print(s)
This is Tom!
>>> s2 = 'This is Tom's cat!'
SyntaxError: invalid syntax
>>> s3 = "This is Tom's cat."    # 当字符串中包含单引号时，字符串可以使用双引
                                   号作为开始 - 结束标记
>>> print(s3)
This is Tom's cat.
```

知识点 3-5　转义字符

当在字符串中需要使用特殊字符时，利用反斜杠表示转义字符，如表 3-4 所示。

```
>>> s4 = 'This is Tom\'s cat.'
>>> print(s4)
This is Tom's cat.
```

表 3-4 转义字符

转 义 字 符	显 示 符 号
\'	单引号
\"	双引号
\n	换行符
\\	反斜杠
\（在行尾时）	续行符

Program 3-6 (code\ch3\jinan.py)

程序代码：

```
1  jn ='''Jinan, alternately romanized as Tsinan,\
2  is the capital of Shandong province in Eastern China.\
3  The area of present-day Jinan has played an important role\
4  in the history of the region\
5  from the earliest beginnings of civilization \
6  and has evolved into a major national administrative, \
7  economic, and transportation hub.\
8  Jinan is often called the "Spring City" for its famous 72 artesian springs.'''
9  print(jn)
```

运行结果：

Jinan, alternately romanized as Tsinan,is the capital of Shandong province in Eastern China.The area of present-day Jinan has played an important rolein the history of the regionfrom the earliest beginnings of civilization and has evolved into a major national administrative, economic, and transportation hub.Jinan is often called the "Spring City" for its famous 72 artesian springs.

知识点 3-6 字符串的下标和切片

字符串中的每个元素都有一个下标。例如，msg = "Hello,World!" 的下标如下：

H	e	l	l	o	,	W	o	r	l	d	!
0	1	2	3	4	5	6	7	8	9	10	11

下标

```
>>> msg = "Hello,World!"
```

```
>>> print(msg[0])
H
>>> print(msg[11])
!
```
通过指定下标的范围，可以返回字符串的子串。

语法格式：

string[start : end]

返回字符串的一个子串，从下标 start 开始，到下标 end 结束（不包含下标 end）。如果省略 start，Python 默认以下标 0 作为开始；如果省略 end，Python 默认以字符串的长度作为结束标志。

```
>>> s1 = msg[0:5]
>>> print(s1)
Hello
>>> s2 = msg [:5]
>>> print(s2)
Hello
>>> s3 = msg [6:]
>>> print(s3)
World!
```
字符串中最后一个元素的下标，也可以用 −1 来表示。
```
>>> s4 = msg [-1]
>>> print(s4)
!
```

知识点 3-7　字符串不可被修改

字符串中的元素是不可被修改的。
```
>>> text = "hi, Tom!"
>>> print(text[0])
h
>>> text[0]='H'
Traceback (most recent call last):
  File "<pyshell#14>", line 1, in <module>
    text[0]='H'
TypeError: 'str' object does not support item assignment
```

知识点 3-8　字符串的常用函数

（1）len( ) 函数

len( ) 函数返回一个字符串的长度。

```
>>> text = "This is a string!"
>>> len(text)
17
```

（2）str.capitalize( ) 函数

str.capitalize( ) 函数返回原字符串的副本，将字符串的首个字符大写，其余为小写。

Example 3-8 str.capitalize( ) 函数

```
>>> name = "this is a string."
>>> type(name)
<class 'str'>
>>> print(name.capitalize())
This is a string.
```

（3）str.title( ) 函数

str.title( ) 函数返回原字符串的副本，其中每个单词的首个字符大写，其余为小写。

Example 3-9 str.title( ) 函数

```
>>> name = "this is a test."
>>> print(name.title())
This Is A Test.
```

（4）str.casefold( ) 函数

str.casefold( ) 函数返回原字符串消除大小写的副本。

Example 3-10 str.casefold( ) 函数

```
>>> name1='Eric Ding'
>>> name2='eric ding'
>>> print(name1==name2)
False
>>> print(name1.casefold()==name2)
True
```

备注：str.casefold( ) 函数经常被用于忽略大小写的字符串匹配。

（5）str.count(sub[, start[, end]])

str.count(sub[, start[, end]]) 返回子字符串 sub 在 str[start, end] 范围内非重叠出现的次数。start 和 end 是可选参数。

Example 3-11 str.count( ) 函数

```
>>> text="Beijing China, Shanghai China, Hongkong China, Guangzhou China, Shenzhen China"
>>> print(text.count("China"))
5
```

（6）str.find(sub[, start[, end]])

str.find(sub[, start[, end]]) 返回子字符串 sub 在 str[start:end] 切片内被找到的最小索引。可选参数 start 和 end 会被解读为切片表示法。若 sub 未被找到，则返回 −1。

Example 3-12 str.find( ) 函数

```
>>> text="Beijing China, Shanghai China, Hongkong China, Guangzhou China, Shenzhen China"
>>> print(text.find("China"))
8
```

（7）str.replace(old, new[, count])

str.replace(old, new[, count]) 返回字符串的副本，其中出现的所有子字符串 old 都将被替换为 new。若给出了可选参数 count，则只替换前 count 次出现。

Example 3-13 str.replace( ) 函数

```
>>> text="Beijing China, Shanghai China, Hongkong China, Guangzhou China, Shenzhen China"
>>> print(text.replace("China", " 中国 "))
Beijing 中国 , Shanghai 中国 , Hongkong 中国 , Guangzhou 中国 , Shenzhen 中国
```

（8）str.strip([chars])

str.strip([chars]) 返回原字符串的副本，移除其中的前导和末尾字符。chars 参数

为指定要移除的字符或字符串。若省略或为 None，则 chars 参数默认移除空格符。

Example 3-14 str.strip( ) 函数

```
>>> text1 = "  Hello, China!  "
>>> text1.strip()              # 去除两侧空格
'Hello, China!'
>>> text2 = "www.example.com"
>>> text2.strip("cmowz.")      # 去除字符串中的指定字符
'exaple'
>>> text1.lstrip()             # 去除左侧空格
'Hello, China!  '
>>> text1.rstrip()             # 去除右侧空格
'  Hello, China!'
```

（9）str.split(sep=None)

str.split(sep=None) 返回一个由字符串内元素组成的列表，使用 sep 作为分隔字符串。

Example 3-15 str.split( ) 函数

```
>>> text= "1 3 5 7 9"
>>> text.split()    # 以空格作为分隔符
['1', '3', '5', '7', '9']
>>> text = "1, 10, 100, 1000, 10000"
>>> text.split(',')         # 以逗号作为分隔符
['1', ' 10', ' 100', ' 1000', ' 10000']
```

知识点 3-9　in (not in)

语法格式：

字符串 1　in (not in) 字符串 2

in（not in）判断字符串 1 是否存在（不存在）于字符串 2 中。

Program 3-7 (code\ch3\jinan_in.py)

程序代码：

```
1  #  in (not in) 练习
```

```
2  s = "Jinan is a beautiful city"
3  if 'Jinan' in s:
4      print("Jinan is found!")
5  else:
6      print("Jinan is not found!")
7
```

运行结果：

```
Jinan is found!
```

注：字符串的更多用法请查阅官方文档。

知识点 3-10　布尔类型

Python 中的布尔类型有两个值：True 和 False（注意要区分大小写），布尔类型回答的是"是非"问题，通常用于表示比较运算的结果。

Python 中常用的比较运算符如表 3-5 所示。

表 3-5　Python 中常用的比较运算符

比较运算符	含　义
<	小于
<=	小于等于
>	大于
>=	大于等于
==	等于
!=	不等于

Example 3-16

```
>>> a = 5
>>> b = 3
>>> print(a == b)
False
>>> print(a > b)
True
>>> print(a != b)
True
```

知识点 3-11 逻辑运算符

Python 中的逻辑运算符主要包括三类：and、or 和 not，如表 3-6 所示。

表 3-6 逻辑运算符

逻辑运算符	名称	含 义
and	逻辑与	当运算符左右的两个表达式都为 True 时，结果才为 True
or	逻辑或	运算符左右的两个表达式只要一个为 True，结果为 True
not	逻辑非	True 变为 False；False 变为 True

Example 3-17

```
>>> a=True
>>> b=False
>>> print(a and b)
False
>>> print(a or b)
True
>>> print(not a )
False
>>> print(not b)
True
```

知识点 3-12 运算符优先级

Python 中的运算符优先级如表 3-7 所示。

表 3-7 Python 中的运算符优先级

运 算 符	描 述
**	指数（最高优先级）
*、/、%、//	乘、除、取余和取整除
+、-	加法、减法
<=、<、>、>=	比较运算符
==、!=	等于运算符
=	赋值运算符
and、or、not	逻辑运算符

括号可以改变 Python 中运算符的优先级，如表 3-8 和表 3-9 所示。

表 3-8 表达式举例

表 达 式	运算结果
6+2*3	12
12/2-4	2
6+5*2-4	12
8-2*4+7-2	5

表 3-9 改变表达式运算顺序后的运算结果

表 达 式	运算结果
(6+2)*3	24
12/(2-4)	-6
(6+5)*2-4	18
(8-2)*4+(7-2)	29

3.4 进阶实例

（1）分水果

程序要求：m 个同学平分篮子里的 n 个草莓，剩余的草莓留在篮子里。

输入：同学的数量为 m；草莓的数量为 n

输出：每个同学分几个草莓；篮子里剩余几个草莓

（详见代码 code\ch3\fruits_allocation.py）

（2）购买新桌子

程序要求：一个学校准备更换三个班级的桌子，其中一个桌子可以供两名学生使用。计算一共需要购买多少张新桌子？

输入：三个班级的学生数量（每行输入一个班级的学生数量）

输出：需要购买的新桌子数

（详见代码 code\ch3\new_desk.py）

（3）计算各位数字的和

程序要求：一个三位数的整数，计算百位、十位和个位上数字的和。

输入：一个三位数的整数

输出：计算百位、十位和个位上数字的和

（详见代码 code\ch3\sum_of_digits.py）

（4）摄氏温度转换为华氏温度

程序要求：计算出摄氏温度对应的华氏温度（华氏温度＝摄氏温度×1.8+32）。

输入：一个摄氏温度

输出：对应的华氏温度

（详见代码 code\ch3\temperature_change.py）

3.5 小结

本章主要对 Python 中的基本数据类型（数值类型、布尔类型、字符串类型）及相应的运算进行了介绍，同时对算术运算符、比较运算符、逻辑运算符及运算符的优先级进行了介绍。

第4章 选择结构

本章学习重点

- 单分支选择结构（简单的 if 语句）
- 双分支选择结构（if-else 语句）
- 多分支选择结构（if-elif-else 语句）

4.1 入门实例——数字比大小游戏

Program 4-1 (code\ch4\big_small.py)

程序要求：实现一个用户和计算机比较数值大小的游戏。

输入：用户输入一个 0～9 的整数

输出：获胜者（计算机或用户）

Program 4-1 流程图如图 4-1 所示。

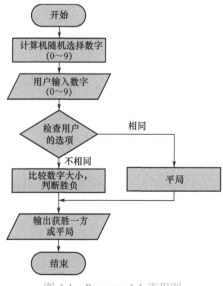

图 4-1　Program 4-1 流程图

程序代码：

```
1   # 数字比大小游戏
2   import random      # 引入 random 模块
3   # 计算机随机选择 0-9 的整数
4   computer_choice = random.randint(0,9)
5   winner = ''      #winner 变量的初始值为空
6   # 用户输入 0-9 的整数
7   user_choice = int(input("请输入整数：0-9 \n"))
8   # 游戏逻辑（规则）
9   if computer_choice == user_choice:
10      winner = "Equal"
11  elif computer_choice > user_choice:
12      winner = "Computer"
13  else:
14      winner = "User"
15  # 显示结果
16  if winner == "Equal":
17      print("平局！")
18  else:
19      print(winner, " 获胜！")
20      print("计算机的选择：",computer_choice, '"VS ","用户的选择：", user_choice)
```

运行结果：

请输入整数：0-9
6
Computer 获胜！
计算机的选择：7   VS   用户的选择：6

▶ 4.2 相关知识点

（1）
import random
　①　　②

注释：

① import 是 Python 关键字，用于导入模块。通常，import 语句与其他代码相隔 1 行，以增加程序的可读性。

② random 是模块的名称（模块可以理解成另外一个 Python 程序），random 模块可以产生随机数。

（2）

```
computer_choice = random.randint(0,9)
      ①            ②      ③     ④
```

注释：

① 变量 computer_choice 将 random 模块中 randint( ) 函数的返回值赋值给变量 computer_choice。

② random 是模块的名称。

③ randint( ) 是 random 模块中的一个产生随机整数的函数，通过模块名.函数名（参数）进行调用。

④ (0, 9) 是一个范围，用于产生 0 到 9 的整数。

（3）

```
if computer_choice == user_choice :
①         ②            ③
    winner = "Equal"
              ④
elif computer_choice > user_choice :
⑤              ⑥
    winner = "Computer"
              ⑦
else :
⑧
    winner = 'User'
              ⑨
```

备注：

① if 是 Python 选择结构中的关键字。

② computer_choice == user_choice 是条件布尔表达式，返回布尔类型（True 或 False）。

③ 冒号表明后面跟语句块。

④ 当条件表达式②返回值为 True 时执行的语句块，可以由多条语句组成。

⑤ elif 也是 Python 选择结构中的关键字。

⑥ computer_choice > user_choice 是条件表达式，返回布尔类型（True 或 False）。

⑦ 当条件表达式⑥返回值为 True 时执行的语句块，可以由多条语句组成。

⑧ else 也是 Python 选择结构中的关键字。

⑨ 当条件表达式②和⑥均返回 False 时执行的语句块，可以由多条语句组成。

4.3 选择结构知识点

知识点 4-1　简单的 if 语句（单分支选择结构）

语法格式：

```
if    条件表达式：
    语句块        # 当条件表达式的值为 True 时，执行的语句块
```

单分支选择结构如图 4-2 所示。

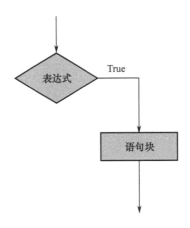

图 4-2　单分支选择结构

Program 4-2 (code\ch4\\is_excellent.py)

程序要求：判断一个学生的英语成绩是否为优秀。

输入：输入学生的英语成绩

输出：若大于等于 90，显示反馈信息

Program 4-2 流程图如图 4-3 所示。

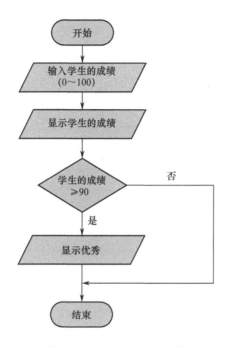

图 4-3　Program 4-2 流程图

程序代码：

```
1   # 判断一个学生的英语成绩是否为优秀
2   score = float(input("请输入您的英语成绩：\n"))
3   print("您的英语成绩为：", score)
4   if score >= 90:
5       print("祝贺您！您的成绩已达到优秀等级！")
```

运行结果：

请输入您的英语成绩：
92
您的英语成绩为：92.0
祝贺您！您的成绩已达到优秀等级！

知识点 4-2　if–else 语句（双分支选择结构）

if-else 语句用于选择结构，使一个程序拥有多条执行路径。当条件表达式为 True 时，执行语句块 1；当条件表达式为 False 时，执行语句块 2。

语法格式：

```
if    条件表达式：
    语句块 1        # 当条件表达式的值为 True 时
else:
    语句块 2        # 当条件表达式的值为 False 时
```

双分支选择结构如图 4-4 所示。

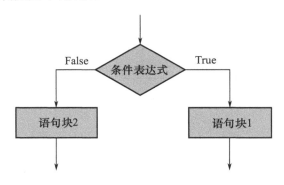

图 4-4　双分支选择结构

Program 4-3 ▶(code\ch4\absolute_value.py)

程序要求：计算一个整数的绝对值。

输入：一个整数

输出：这个整数的绝对值

Program 4-3 流程图如图 4-5 所示。

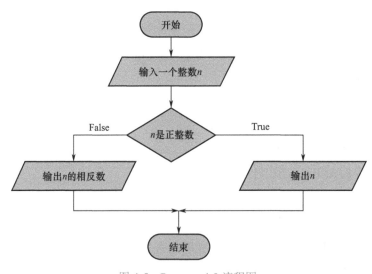

图 4-5　Program 4-3 流程图

程序代码：

```
1   # 返回一个整数的绝对值
2   print("请输入一个整数：\n")
3   num = int(input())
4   if num > 0:
5       print("这个数的绝对值为：", num)
6   else:
7       print("这个数的绝对值为：",-num)
```

运行结果：

请输入一个整数：
-6
这个数的绝对值为：6

Program 4-4 (code\ch4\odd_even.py)

程序要求：判断一个整数的奇偶性。

输入：一个整数

输出：奇数或偶数

Program 4-4 流程图如图 4-6 所示。

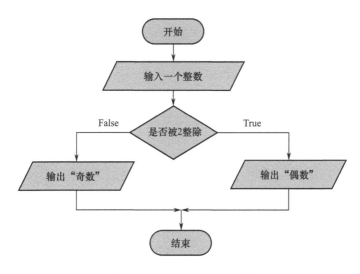

图 4-6　Program 4-4 流程图

程序代码：

```
1   #判断一个整数的奇偶性
2   n = int(input("请输入一个整数：\n"))
```

```
3  if n % 2 == 0:
4      print(n, "是偶数！")
5  else:
6      print(n, "是奇数！")
```

运行结果：

请输入一个整数：

5

5 是奇数！

知识点 4-3　if–elif–else 语句（多分支选择结构）

语法格式：

```
if  条件表达式 1：
    语句块 1        # 当条件表达式 1 的值为 True 时
elif  条件表达式 2：
    语句块 2        # 当条件表达式 2 的值为 True 时
elif  条件表达式 3：
    语句块 3        # 当条件表达式 3 的值为 True 时
    …
else:
    语句块 n
```

多分支选择结构如图 4-7 所示。

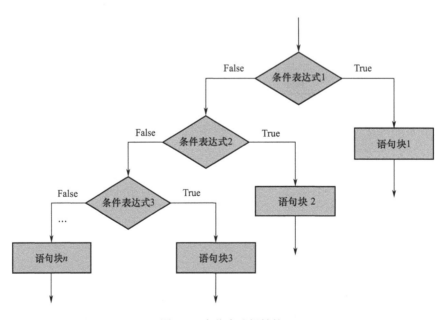

图 4-7　多分支选择结构

Program 4-5 (code\ch4\score_level.py)

程序要求：判断成绩等级（优秀、良好、及格、不及格）。
输入：学生的成绩
输出：成绩等级

Program 4-5 流程图如图 4-8 所示。

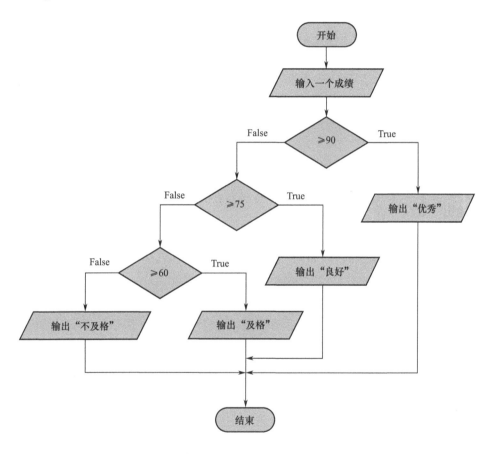

图 4-8　Program 4-5 流程图

程序代码：

```
1  # 判断成绩等级（优秀、良好、及格、不及格）
2  score = float(input("请输入您的成绩：\n"))
3  print("您的成绩为：", score)
4  if score >= 90:
5      print("优秀！")
6  elif score >=75:
```

```
7       print("良好！")
8   elif score >= 60:
9       print("及格！")
10  else:
11      print("不及格！")
```

运行结果：

请输入您的成绩：

56

您的成绩为：56.0

不及格！

Program 4-6 (code\ch4\score_level_2.py)

程序要求：利用嵌套的条件语句，判断成绩等级(优秀、良好、及格、不及格)。

输入：学生的成绩

输出：成绩等级

程序代码：

```
1   # 判断成绩等级(优秀、良好、及格、不及格)
2   score = float(input("请输入您的成绩：\n"))
3   print("您的成绩为：", score)
4   if score >= 90:
5       print("优秀！")
6   else:
7       if score >=75:
8           print("良好！")
9       else:
10          if score >= 60:
11              print("及格！")
12          else:
13              print("不及格！")
```

运行结果：

请输入您的成绩：

56

您的成绩为：56.0

不及格！

Program 4-6 采用的分支结构属于嵌套的条件语句，尽管程序代码进行了缩进，但是阅读起来仍然存在一定的困难。因此，通常不建议使用嵌套的条件语句，建议使用类似于 Program4-5 采用的多分支选择结构。

4.4 进阶实例

（1）简单计算器
程序要求：实现一个四则运算（支持加、减、乘、除）。
输入：两个数和一个运算符
输出：运算结果
简单计算器流程图如图 4-9 所示。

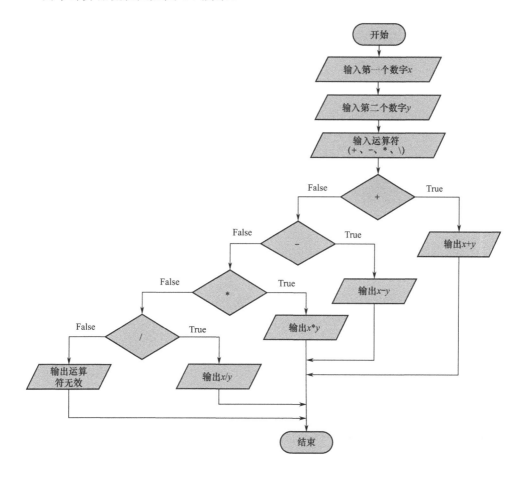

图 4-9　简单计算器流程图

Program 4-7 ▶ (code\ch4\simple_caculator.py)

程序要求：实现一个简单的四则运算。

输入：两个运算数和一个运算符（+、-、*、/）

输出：运算结果

程序代码：

```
1   # 实现一个简单的四则运算
2   num1 = float(input("请输入第一个数：\n"))
3   print("您输入的第一个数字为：", num1)
4   num2 = float(input("请输入第二个数：\n"))
5   print("您输入的第二个数字为：", num2)
6   choice = input("请输入运算符：\n")
7
8   # 运算规则
9   if choice == '+':
10      print(num1,'+',num2,'=',num1+num2)
11  elif choice == '-':
12      print(num1,'-',num2,'=',num1-num2)
13  elif choice == '*':
14      print(num1,'*',num2,'=',num1*num2)
15  elif choice == '/':
16      print(num1,'/',num2,'=',num1/num2)
17  else:
18      print('您输入的运算符无效！谢谢！')
```

运行结果：

请输入第一个数：

4

您输入的第一个数字为：4.0

请输入第二个数：

3

您输入的第二个数字为：3.0

请输入运算符：

*

4.0 * 3.0 = 12.0

（2）"石头 – 剪刀 – 布"游戏

Program 4-8 ⟩(code\ch4\stone-scissor-paper.py)

程序要求：用户与计算机进行"石头 – 剪刀 – 布"游戏（一局定输赢）。
输入：用户输入"stone""scissor"或"paper"
输出：正确的一方

Program 4-8 流程图如图 4-10 所示。

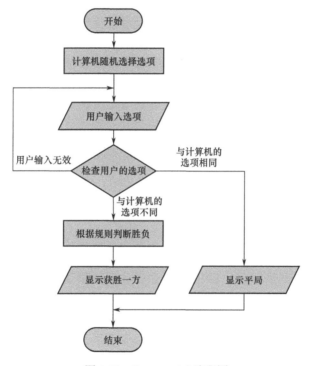

图 4-10　Program 4-8 流程图

程序代码：

```
1   # "石头 - 剪刀 - 布"的游戏
2   import random
3
4   # 计算机随机选择选项
5   n = random.randint(0,2)
6   if n == 0:
7       computer_choice = "stone"
8   elif n ==1:
9       computer_choice = "scissor"
```

```
10    elif n==2:
11        computer_choice ="paper"
12
13    # 用户输入选项
14    user_choice = input("请输入选项：stone, scissor, paper \n")
15
16    # 游戏规则
17    if computer_choice == user_choice:
18        winner = "Equal"
19    elif computer_choice == "stone" and user_choice == "scissor":
20        winner = "Computer"
21    elif computer_choice == "scissor" and user_choice == "paper":
22        winner = "Computer"
23    elif computer_choice == "paper" and user_choice == "stone":
24        winner = "Computer"
25    else:
26        winner = "User"
27
28    # 输出结果
29    if winner == "Equal":
30        print("平局！")
31    else:
32        print(winner, "获胜！")
33        print("计算机的选择：",computer_choice, '"VS "," 用户的选择：",
user_choice)
```

运行结果：

请输入选项：stone, scissor, paper
stone
Computer 获胜！
计算机的选择：paper　VS　用户的选择：stone

4.5 小结

本章主要对 Python 中的三种选择结构：单分支选择结构、双分支选择结构和多分支选择结构进行介绍。

第 5 章 循环结构

本章学习重点

- for 循环
- while 循环
- continue
- break
- range( )
- for 循环和 while 循环

5.1 入门实例 ——"石头 – 剪刀 – 布"游戏升级版

Program 5-1 (code\ch5\stone-scissor-paper_update.py)

程序要求：用户与计算机进行"石头 – 剪刀 – 布"的游戏，若用户输入的不是"stone""scissor"或"paper"，则提示用户重新输入。

输入：用户输入"stone""scissor"或"paper"

输出：正确的一方

（相对于第 4 章的"石头 – 剪刀 – 布"例子，本题目额外的要求是：若用户输入不正确，则提示用户重新输入。）

Program 5-1 流程图如图 5-1 所示。

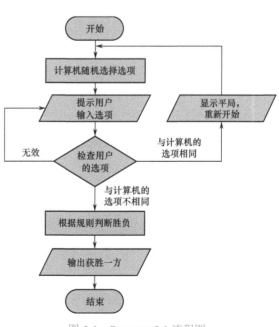

图 5-1 Program 5-1 流程图

程序代码：

```
1   # "石头-剪刀-布"游戏，若用户输入不正确，则提示重新输入
2   import random
3
4   # 计算机随机选择选项
5   n = random.randint(0,2)
6   if n == 0:
7       computer_choice = "stone"
8   elif n ==1:
9       computer_choice = "scissor"
10  elif n==2:
11      computer_choice = "paper"
12
13  user_choice =input("请输入选项：stone, scissor, paper \n")
14  # 若用户输入不正确，则提示重新输入
15  while (user_choice != "stone" and
16          user_choice != "scissor" and
17          user_choice != "paper"):
18      user_choice =input("请重新输入：stone, scissor, paper \n")
19
20  # 游戏规则
21  if computer_choice == user_choice:
22      winner = "Equal"
23  elif computer_choice == "stone" and user_choice == "scissor":
24      winner = "Computer"
25  elif computer_choice == "scissor" and user_choice == "paper":
26      winner = "Computer"
27  elif computer_choice == "paper" and user_choice == "stone":
28      winner = "Computer"
29  else:
30      winner = "User"
31
32  # 输出结果
33  if winner == "Equal":
34      print("平局！")
```

```
35    else:
36        print(winner, " 获胜！ ")
37        print("计算机的选择：",computer_choice, '"VS ","用户的选择：", user_choice)
```

运行结果：

请输入选项：stone, scissor, paper

石头

输入错误！

请重新输入：stone, scissor, paper

paper

User 获胜！

计算机的选择：stone VS 用户的选择：paper

5.2 相关知识点

```
while (user_choice != "stone" and
  ①            ②           ③
    user_choice != "scissor" and
                    ④
    user_choice != "paper"):
            ⑤              ⑥
  user_choice =input("请输入选项：stone, scissor, paper \n")
                    ⑦
```

注释：

① while 是 Python 循环结构的关键字。

② user_choice != "stone" 是一个条件表达式，返回布尔类型（True 或 False）。

③ and 是逻辑运算符，计算条件表达式②和④的与操作，返回布尔类型（True 或 False）。

④ user_choice != "scissor" 是一个条件表达式，返回布尔类型（True 或 False）。

⑤ user_choice != "paper" 是一个条件表达式，返回布尔类型（True 或 False）。

⑥ 冒号，后面跟语句块。

⑦ 当条件表达式（② and ④ and ⑤）返回 True 时，循环执行语句块⑦。

5.3 循环结构知识点

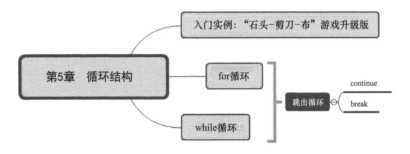

知识点 5-1　while 循环

使用 while 循环可以使一个程序块重复执行，通过 True/False 条件来控制循环体的重复次数。

语法格式：

```
while 表达式：
    循环体（语句块）
```

while 循环结构如图 5-2 所示。

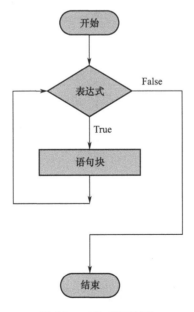

图 5-2　while 循环结构

知识点 5-2　while 循环是如何工作的？

步骤一：判断条件表达式的值；

步骤二：若条件表达式的值为 True，则执行循环体（语句块）；

步骤三：重新判断表达式的值，若值为 True，则重复执行步骤二，若值为 False，则执行步骤四；

步骤四：退出循环结构。

Program 5-2 (code\ch5\sum_1_to_100.py)

程序要求：计算 1+2+…+100 的和。
输入：无
输出：1 到 100 的和
Program 5-2 流程图如图 5-3 所示。

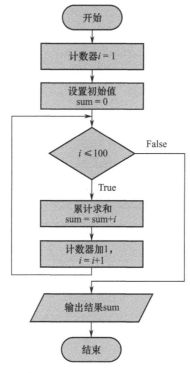

图 5-3　Program 5-2 流程图

程序代码：

```
1   #计算1到100的和
2   i = 1
3   sum = 0
4   while i <= 100:
5       sum = sum + i
```

```
6     i = i+1
7  print("1+2+...+100=", sum)
```

运行结果：

1+2+...+100= 5050

Program 5-3 ▶ (code\ch5\identity_test.py)

程序要求：验证用户输入的用户名是否正确。

输入：用户名

输出：判断是否正确，若错误则提示重新输入用户名

Program 5-3 流程图如图 5-4 所示。

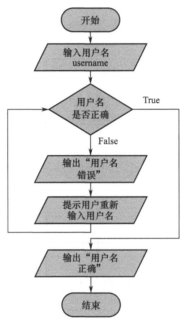

图 5-4 Program 5-3 流程图

程序代码：

```
1  # 用户名验证
2  user_name = input("请输入您的用户名：\n")
3  while user_name != "Olivia Ding":
4      print("用户名错误，请重新输入！ ")
5      user_name=input("请输入您的用户名：\n")
6  print("输入正确，谢谢！ ")
```

运行结果：

请输入您的用户名：

```
Tom
用户名错误,请重新输入!
请输入您的用户名:
olivia ding
用户名错误,请重新输入!
请输入您的用户名:
Olivia Ding
输入正确,谢谢!
```

知识点 5-3　continue

continue 用于跳出本次循环,进行下一轮循环。

Program 5-4 ▷(code\ch5\odd_0_to_10.py)

程序要求:判断 10 以内的奇数。

输入:无

输出:输出奇数

Program 5-4 流程图如图 5-5 所示。

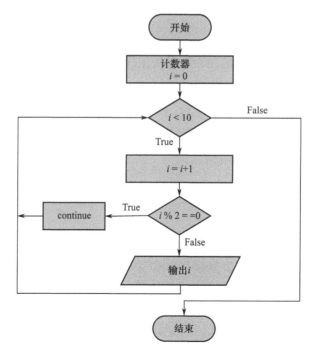

图 5-5　Program 5-4 流程图

程序代码：

```
1   # 判断10以内的奇数
2
3   i = 0
4   while i < 10:
5       i = i+1
6       if i % 2 ==0:
7           continue
8       else:
9           print('奇数：' , i)
```

运行结果：

奇数：1
奇数：3
奇数：5
奇数：7
奇数：9

知识点 5-4　break

break 用于跳出整个循环。

Program 5-5 (code\ch5\identity_test_3times.py)

程序要求：验证用户输入的用户名是否正确，若3次输入的用户名错误，则退出程序。

输入：用户输入用户名

输出：判断是否正确，若输入的用户名错误，则提示重新输入用户名

Program 5-5 流程图如图 5-6 所示。

程序代码：

```
1   # 用户名验证，若3次输入的用户名错误，则退出程序
2
3   i = 0     # i作为计数器，记录登录的次数，初始为0
4   user_name = input("请输入您的用户名：\n")
5   while user_name != "Olivia Ding":
6       print("用户名错误，请重新输入！")
7       i= i + 1
8       if i < 3:
9           user_name=input("请输入您的用户名：")
```

```
10      else:
11          break
12
13  if i ==3 :
14      print("错误 3 次，账户自动锁定！")
15  else:
16      print("用户名输入正确，谢谢！")
```

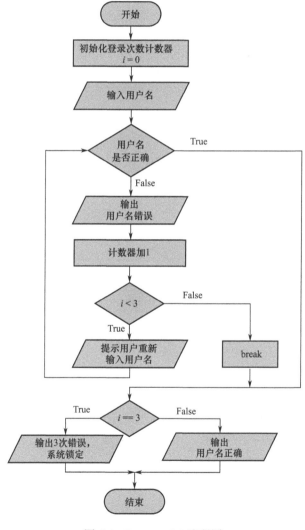

图 5-6　Program 5-5 流程图

运行结果：

请输入您的用户名：
tom

用户名错误,请重新输入!
请输入您的用户名:
joe
用户名错误,请重新输入!
请输入您的用户名:
olivia
用户名错误,请重新输入!
错误 3 次,账户自动锁定!

Program 5-6 (code\ch5\identity_test_password.py)

程序要求:验证用户输入的用户名和密码是否正确。

输入:用户输入用户名,密码

输出:是否正确

Program 5-6 流程图如图 5-7 所示。

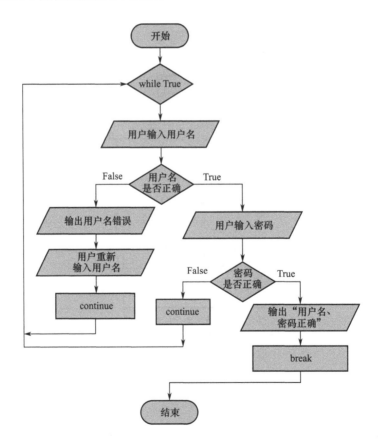

图 5-7　Program 5-6 流程图

第 5 章 循环结构

程序代码：

```
1   # 用户名，密码身份验证
2   
3   while True:
4       print("请输入您的用户名：\n")
5       user_name = input()
6       if user_name != 'Olivia Ding':
7           print("用户名错误！请重新输入：")
8           continue
9       print("Olivia Ding 您好！请输入您的登录密码：\n")
10      password = input()
11      if password == 'Bunny':
12          print("恭喜您！身份验证成功！")
13          break
14      else:
15          print("密码错误！")
16          continue
```

运行结果：

```
请输入您的用户名：
tom
用户名错误！请重新输入：
请输入您的用户名：
Olivia
Olivia 您好！请输入您的登录密码：
Bunny
恭喜您！身份验证成功！
```

知识点 5-5 for 循环

for 循环可以遍历任何序列，for 循环适用于指定循环次数的循环。

for 循环流程图如图 5-8 所示。

语法格式：

```
for  <循环变量>  in  <序列>：
    循环体（语句块）
```

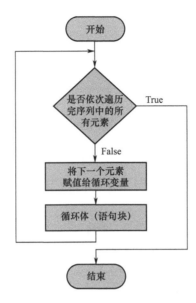

图 5-8 for 循环流程图

知识点 5-6　for 循环是如何工作的？

第 1 步：将序列中的第一个元素，赋值给循环变量；
第 2 步：执行循环体（语句块）；
第 3 步：将序列中的第二个元素，赋值给循环变量；
第 4 步：执行循环体（语句块）；
……
第 $n-1$ 步：将序列中的最后一个元素，赋值给循环变量；
第 n 步：执行循环体（语句块）。

Example 5-1

```
>>> country = ['China', 'America','Germany','Russisa']
>>> for country_name in country:
        print('Hello,', country_name)
Hello, China
Hello, America
Hello, Germany
Hello, Russisa
```

知识点 5-7　range( ) 函数

内置函数 range( ) 可以创建一个整数序列。range( ) 函数举例如表 5-1 所示。

语法格式：

```
range(start, stop[, step])
```

若省略 step 参数，则其默认值为 1。若省略 start 参数，则其默认值为 0，start 代表起始值，stop 代表终止值，step 代表步长。

Example 5-2 ▶ range(1,10,2)

```
>>> for i in range(1,10,2):
        print(i)
1
3
5
7
9
```

Example 5-3 ▶ range(1,10)

```
>>> for i in range(1,10):
        print(i)
1
2
3
4
5
6
7
8
9
```

（**注意**：打印出 9 个数值）

Example 5-4 ▶ range(10)

```
>>> for i in range(10):
        print(i)
0
1
2
3
```

4
5
6
7
8
9

表 5-1 range( ) 函数举例

range( ) 函数举例	输 出
range(10)	0,1,2,3,4,5,6,7,8,9
range(1,10)	1,2,3,4,5,6,7,8,9
range(1,10,2)	1,3,5,7,9
range(0,−5,−1)	0,−1,−2,−3,−4

Program 5-7 (code\ch5\for_sum_1_to_100.py)

程序要求：利用 for 循环计算 1+2+⋯+100。

输入：无

输出：1+2+⋯+100 的和

Program 5-7 流程图如图 5-9 所示。

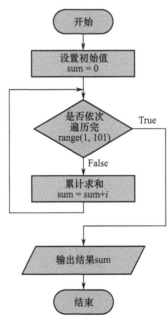

图 5-9 Program 5-7 流程图

第 5 章 循环结构

程序代码：

```
1   # 利用for循环计算1+2+...+100
2   sum = 0
3   for i in range(1,101):
4       sum = sum + i
5   print('1+2+...+100=', sum)
```

运行结果：

1+2+...+100= 5050

Program 5-8 (code\ch5\10_square_cube.py)

程序要求：计算 10 以内正整数的平方和立方。
输入：无
输出：每个正整数的平方和立方

Program 5-8 流程图如图 5-10 所示。

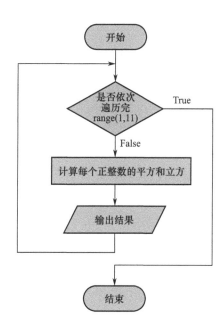

图 5-10　Program 5-8 流程图

程序代码：

```
1   # 计算10以内正整数的平方和立方
```

```
2  for i in range(1,11):
3      square = i * i
4      cube = i * i * i
5      print(i, square, cube)
```

运行结果：

```
1 1 1
2 4 8
3 9 27
4 16 64
5 25 125
6 36 216
7 49 343
8 64 512
9 81 729
10 100 1000
```

知识点 5-8　while 循环 和 for 循环

（1）for 循环是计数控制循环结构，主要用在迭代可迭代对象的情况。

（2）while 循环是条件控制循环结构，主要用在需要满足一定条件为真时，反复执行的情况。

（3）部分情况下，for 循环和 while 循环可以互换使用。

（4）while 循环适用于未知循环次数的循环。

（5）for 循环适用于已知循环次数的循环。

5.4　进阶实例

（1）计算 1!+2!+3!+⋯+n!

程序要求：计算 1!+2!+3!+⋯+n!。

输入：整数 n

输出：1!+2!+3!+⋯+n!

（详见代码 code\ch5\sum_of_factorial.py）

（2）打印数字阶梯

程序要求：打印数字阶梯。

输入：整数 n

输出：数字阶梯

例如，输入 5 时的输出为：

1
12
123
1234
12345

输入 3 时的输出为：

1
12
123

（详见代码 code\ch5\number_ladder.py）

（3）找出小于或等于 N 的 2 的整数次幂

程序要求：找出小于或等于 N 的 2 的整数次幂。

输入：一个整数 N

输出：幂指数 t 和 2^t

例如，$N=5$ 时输出为：

5
32

例如，$N=100$ 时输出为：

6
64

（详见代码 code\ch5\2_power.py）

（4）升级"石头－剪刀－布"游戏

Program 5-9 (code\ch5\stone-scissor-paper_update2.py)

程序要求：用户与计算机进行"石头－剪刀－布"游戏，三局定胜负，输入不区分大小写。

输入：用户输入"stone""scissor"或"paper"

输出：正确的一方

额外要求：

① 对于用户的输入，不区分大小写，均视为正确。

② 一共玩三局，三局两胜制。

程序代码：

```
1   #"石头-剪刀-布"三局定胜负，不区分大小写
2
3   import random
4
5   # 初始化
6   computer_win_num = 0
7   user_win_num = 0
8
9   j = 0      # 第j局
10  for i in range(3):
11      j= j+1 # 第1局
12      n = random.randint(0,2)
13      # 计算机随机选择选项
14      if n == 0:
15          computer_choice = 'stone'
16      elif n ==1:
17          computer_choice = 'scissor'
18      elif n==2:
19          computer_choice ='paper'
20
21      # 用户输入选项
22      user_choice =input('请输入选项：stone, scissor, paper \n')
23      while (user_choice.lower() != 'stone' and
24              user_choice.lower() != 'scissor' and
25              user_choice.lower() != 'paper'):
26          print('输入错误！')
27          user_choice =input('请重新输入：stone, scissor, paper \n')
28
29      # 游戏规则
```

```
30      if computer_choice == user_choice:
31          winner = 'Equal'
32      elif computer_choice == 'stone' and user_choice == 'scissor':
33          winner = 'Computer'
34          computer_win_num +=1
35      elif computer_choice == 'scissor' and user_choice =='paper':
36          winner = 'Computer'
37          computer_win_num +=1
38      elif computer_choice =='paper' and user_choice =='stone':
39          winner = 'Computer'
40          computer_win_num +=1
41      else:
42          winner = 'User'
43          user_win_num +=1
44
45      # 输出每局的结果
46      print('第 ',j,' 局的结果是：')
47      if winner == 'Equal':
48          print('平局！')
49      else:
50          print(winner, ' 获胜！')
51          print('计算机的选择：',computer_choice, ' VS ','用户的选择：', user_choice)
52
53  # 输出三局后的结果
54  print('三局过后，最终结果是：')
55  if computer_win_num > user_win_num:
56      print('计算机获胜！', computer_win_num, 'VS', user_win_num)
57  elif computer_win_num == user_win_num:
58      print('平局！', computer_win_num, 'VS', user_win_num)
59  else:
60      print('用户获胜！', user_win_num, 'VS', computer_win_num)
```

运行结果：

请输入选项：stone, scissor, paper
stone

第 1 局的结果是:
平局!
请输入选项: stone, scissor, paper
paper
第 2 局的结果是:
平局!
请输入选项: stone, scissor, paper
scissor
第 3 局的结果是:
Computer 获胜!
计算机的选择: stone   VS   用户的选择: scissor
三局过后,最终结果是:
计算机获胜!   1 VS 0

5.5 小结

本章对 Python 中的两种循环结构:for 循环和 while 循环进行了介绍;同时,对比了两种循环结构各自的适用范围;最后,对 continue 和 break 语句进行了介绍。

第6章 函数

本章学习重点

- 函数的概念及特点
- 函数的创建
- 函数间调用
- math 模块
- 形参（形式参数）、实参（实际参数）
- 递归函数

6.1 入门实例——计算任意整数的阶乘

（1）思考题："石头－剪刀－布"游戏（进一步升级）

程序要求：用户设定游戏局数，与计算机进行"石头－剪刀－布"的游戏，获胜超过一半局数的一方最终获胜。

输入：用户输入"stone""scissor"或"paper"（输入不区分大小写）

输出：正确的一方（多者为胜，如三局两胜制或五局三胜制）

（**备注**：详见进阶实例 Program 6-21。）

（2）计算数的阶乘

Program 6-1 (code\ch6\4_6_factorial.py)

程序要求：计算 4! 和 6!。

输入：无

输出：4! 和 6!

程序代码：

```
1    # 计算数的阶乘
2
```

```
3   # 计算4!
4   result = 1
5   for i in range(1,5):
6       result = result * i
7   print('4!=', result)
8
9   # 计算6!
10  result = 1
11  for i in range(1,7):
12      result = result * i
13  print ('6!=', result)
```

运行结果：

4! = 24

6! = 720

（备注：以上这种通过复制代码的方式，非常笨拙。通过函数的方式将会非常高效。）

（3）思考题：计算 n 个数的阶乘的和

程序要求：计算 n 个数的阶乘的和。

输入：无

输出：$1! + 2! + \cdots + n!$

（4）计算任意整数的阶乘

Program 6-2 (code\ch6\n_factorial.py)

程序要求：计算任意整数的阶乘。

输入：整数 n

输出：$n!$（如 $n=4$ 或 $n=6$）

程序代码：

```
1   # 计算n!
2
3   def factorial(n):
4       result = 1
5       for i in range(1, n + 1):
6           result = result * i
```

```
7      return result
8
9  result_4 = factorial(4)      # 调用factorial()函数,计算4!
10 print('4! = ', result_4)
11 result_6 = factorial(6)      # 调用factorial()函数,计算6!
12 print('6!= ', result_6)
```

运行结果:

4! = 24

6! = 720

6.2 相关知识点

（1）
```
def factorial(n):
 ①    ②    ③④
    result = 1
    for i in range(1, n + 1):         ⑤
        result = result * i
    return result
        ⑥
```

注释:

① def 是定义函数的关键字,后面跟着函数的名字。

② factorial 是函数的名字。

③ n 是形式参数（简称形参）,形参是指定义函数时,括号内定义的参数。

④ 在 Python 中,冒号表示一个程序块的开始。

⑤ 函数体可以由多条语句组成。函数体只有当函数被调用时,才执行。

⑥ 函数返回一个值 result,同时退出函数。

（2）
```
result_4 = factorial(4)
    ①          ②    ③
```

注释:

① result_4 表示一个变量,用于保存函数的返回值。

② 调用 factorial( ) 函数。

③ 4 是实际参数（简称实参），实参是在调用函数时实际传入的值。factorial(4) 的返回值赋值给变量 result_4。

（3）函数是如何工作的？

```
1   # 计算 n!
2
3   def factorial(n):
4       result = 1
5       for i in range(1, n + 1):        函数体部分
6           result = result * i
7       return result
8
9   result_4 = factorial(4)    # 调用 factorial() 函数，计算 4!
10  print('4! = ', result_4)
11  result_6 = factorial(6)    # 调用 factorial() 函数，计算 6!
12  print('6!=', result_6)
```

注释：

① 程序第 1 行是注释，第 2 行是空行，程序从第 3 行开始执行。

② Python 解释器发现函数定义 def 关键字，并不执行函数体内的代码（代码 4～7 行），仅在内存中创建 factorial 函数名，存储函数的形参及函数体（当后续调用函数时，才真正执行函数体）。

③ 程序第 8 行为空行。

④ 程序执行第 9 行，result_4 = factorial(4)。首先执行 factorial(4) 部分，调用 factorial( ) 函数，实参为 4，即将 4 复制给形参 n。

⑤ Python 解释器开始执行 factorial( ) 函数的函数体部分（代码 4～7 行），执行结束后返回数值 24（4!）。

⑥ 步骤④执行结束后，程序的控制权返回至程序第 9 行，将 factorial(4) 函数的返回值赋值给 result_4。

⑦ 程序执行第 10 行，打印 4!=24。

⑧ 程序执行第 11 行，同步骤④至步骤⑥。

⑨ 程序执行第 12 行，打印 6!=720。

（备注：程序在以后任何需要计算整数阶乘时，调用 factorial(n) 函数即可，而无须关注阶乘的实现细节。）

6.3 函数知识点

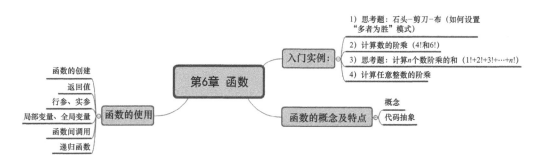

知识点 6-1 函数的概念及特点

函数是组织好的、可重复使用的、用来实现一个特定任务的代码段。函数可以有参数，也可以没有参数；可以有返回值，也可以没有返回值。函数能够提高程序的模块性，以及代码的重复利用率。

函数是一种抽象代码的方法，是编程思维的核心内容之一，通过抽象可以提高代码处理复杂问题时的效率。大多数程序执行的任务，可以被分解成多个子任务。因此，在编程时，不是编写一个冗长的、有较多语句的大型程序，而是编写几个小的执行特定任务的函数，如图 6-1 所示，这些小的函数可以根据程序任务的要求被任意组织和调用。

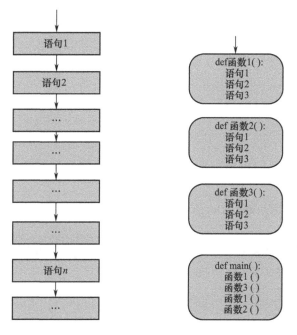

图 6-1 利用函数将一个大的程序任务进行分解

函数定义好之后,当程序中需要使用函数的功能(如阶乘),直接调用函数即可,而无须关注函数的实现细节。

使用函数的优点:简单化,便于理解程序;代码有利于复用;便于调试;便于团队合作。

知识点 6-2　函数的创建

语法格式:

```
def 函数名(形式参数)
    语句1    ┐
    语句2    ├ 函数体
    ...      │
    语句n    ┘
```

Program 6-3 (code\ch6\hello_world_func.py)

程序要求:定义一个函数,用于显示"Hello World!"。

输入:无

输出:"Hello World!"

程序代码:

```
1  # 定义函数,输出 "Hello World!"
2  def hello_world():
3      print('Hello World!')
4  
5  # 调用函数
6  hello_world()
```

运行结果:

```
Hello World!
```

Program 6-4 (code\ch6\circle_area.py)

程序要求:定义函数,计算圆的面积。当输入半径为负值时,退出程序。

输入:圆的半径

输出:圆的面积

程序代码:

```
1  # 计算圆的面积,半径为负值时退出程序
```

```
2
3    # 定义函数
4    def area(r):
5        s = 3.14 * r * r
6        return s
7
8    while True:
9        r = float(input("请输入圆的半径：\n"))
10       if r < 0:
11           print("圆的半径不能为负数！")
12           break        # 输入负数时，退出
13       else:
14           print("圆的面积为：", area(r))
```

运行结果：

请输入圆的半径：
2
圆的面积为：12.56
请输入圆的半径：
1
圆的面积为：3.14
请输入圆的半径：
3
圆的面积为：28.259999999999998
请输入圆的半径：
-3
圆的半径不能为负数！

知识点 6-3　函数间调用

（1）主函数调用其他函数

主函数是程序启动时调用的函数，主函数根据需要调用程序中的其他函数。一般来说，主函数包含了程序的整体逻辑。

Program 6-5 ▶ (code\ch6\circle_area_main.py)

程序要求：定义函数，用于计算圆的面积。定义主函数，调用计算圆的面积函数。

输入：圆的半径

输出：圆的面积

Program6-5 流程图如图 6-2 所示。

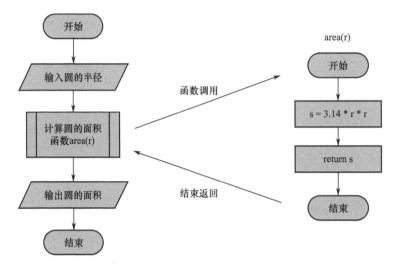

图 6-2　Program6-5 流程图

程序代码：

```
1   # 计算给定半径圆的面积，输入负数时退出程序
2
3   # 定义面积计算函数，area()
4   def area(r):
5       s = 3.14 * r * r
6       return s
7
8   # 定义主函数
9   def main():
10      while True:
11          r = float(input("请输入圆的半径：\n"))
12          if r < 0:
13              print("圆的半径不能为负数！")
14              break              # 半径输入为负数时，退出程序
15          else:
16              s = area(r)    # 调用 area() 函数
17              print("圆的面积为：", s)
18
19  # 执行主函数
```

```
20    main()
```

运行结果：

请输入圆的半径：
3
圆的面积为：28.259999999999998
请输入圆的半径：
2
圆的面积为：12.56
请输入圆的半径：
-1
圆的半径不能为负数！

（2）函数间调用

函数可以调用其他函数。

Program 6-6 (code\ch6\max3.py)

程序要求：定义函数，找出三个数中的最大值。
输入：三个数
输出：最大值
程序代码：

```
1    # 定义一个函数，找出三个数中的最大值
2
3    # 定义函数，比较两个数的大小
4    def max2(x,y):
5        if x >=y :
6            return x
7        else:
8            return y
9
10   # 定义一函数，调用max2()，比较三个数的大小
11   def max3(x,y,z):
12       return(max2(max2(x,y),z))      # 函数间调用
13
14   # 定义主函数
```

```
15  def main():
16      x = float(input("请输入第一个数：\n"))
17      y = float(input("请输入第二个数：\n"))
18      z = float(input("请输入第三个数：\n"))
19      max_value = max3(x,y,z)
20      print("三个数中的最大值为：",max_value)
21
22  # 执行主函数
23  main()
```

运行结果：

请输入第一个数：

3

请输入第二个数：

-2

请输入第三个数：

1

三个数中的最大值为：3.0

（3）调用 math 模块中的函数

math 模块包含了多种数学运算的函数。当程序中引入 math 模块后，可以直接调用其中的函数。

Program 6-7 (code\ch6\math_exer.py)

程序要求：练习使用 math 模块中的函数。
程序代码：

```
1   import math    # 引入 math 模块
2
3   # 计算一个数的平方根
4   i = float(input("请输入一个数：\n"))
5   print('这个数的平方根是：', math.sqrt(i))
6
7   # 计算 x 的 y 次幂
8   x = float(input("请输入 x 的值：\n"))
9   y = float(input("请输入 y 的值：\n"))
10  print("x 的 y 次幂：", math.pow(x,y))
```

运行结果：

请输入一个数：
64
这个数的平方根是：8.0
请输入 x 的值：
2
请输入 y 的值：
3
x 的 y 次幂：8.0

Program 6-8 (code\ch6\circle.py)

程序要求：利用 math 模块中的 pi 值，计算圆的面积和周长。

输入：圆的半径

输出：圆的面积和周长

程序代码：

```
1   # 利用math模块中的pi值,计算圆的面积和周长
2   import math      # 引入math模块
3
4   # 定义面积函数
5   def area(r):
6       s = math.pi * r * r
7       return s
8
9   # 定义周长函数
10  def circ (r):
11      c = 2 * math.pi * r
12      return c
13
14  # 定义主函数
15  def main():
16      r = float(input("请输入圆的半径：\n"))
17      print("圆的面积：", area(r))
18      print("圆的周长：", circ (r))
19
```

```
20    # 执行主函数
21    main()
```

运行结果：

请输入圆的半径：
1
圆的面积：3.141592653589793
圆的周长：6.283185307179586

math 模块中的部分函数如表 6-1 所示。

表 6-1　math 模块中的部分函数

函数名称	描述	示例
math.ceil(x)	返回大于或者等于 x 的最小整数	math.ceil(5.3) 结果为 6
math.fabs(x)	返回 x 的绝对值	math.fabs(-4) 结果为 4.0
math.factorial(x)	返回 x 的阶乘	math.factorial(5) 结果为 120
math.floor(x)	返回小于或者等于 x 的最大整数	math.floor(5.3) 结果为 5
math.gcd(a, b)	返回整数 a 和 b 的最大公约数	math.gcd(4,6) 结果为 2
math.exp(x)	返回 e 的 x 次幂，其中 e = 2.718281 是自然对数的基数	math.exp(2) 结果为 7.38905609893065
math.log2(x)	返回 x 以 2 为底的对数	math.log2(8) 结果为 3.0
math.pow(x, y)	返回 x 的 y 次幂	math.pow(2,3) 结果为 8.0
math.sqrt(x)	返回 x 的平方根	math.sqrt(9) 结果为 3.0
math.cos(x)	返回 x 弧度的余弦值	math.cos(0) 结果为 1
math.pi	数学常数 π = 3.141592	

知识点 6-4　局部变量和全局变量

在函数内创建的变量，称为局部变量，其作用域仅在定义它的函数内部可见。

局部变量不能被函数外的语句访问。不同的函数内部可以拥有同名的变量。

全局变量的作用域是在整个程序内可见。

Program 6-9 (code\ch6\population.py)

程序要求：显示不同城市的人口数量。

输入：无

输出：北京和济南的人口数量

程序代码：

```
1   # 不同城市的人口数量
2
3   # 北京的人口数量
4   def beijing():
5       population = '2100万'
6       print("北京的人口数量：",population)
7
8   # 济南的人口数量
9   def jinan():
10      population = '880万'
11      print("济南的人口数量：",population)
12
13  # 定义主函数
14  def main():
15      beijing()
16      jinan()
17      print(population)       # 程序报错，population 未定义
18
19  # 执行主函数
20  main()
```

运行结果：

北京的人口数量：2100万

济南的人口数量：880万

Traceback (most recent call last):
   File "C:/Users/thin 知识点 ad/Desktop/Python 课程 /1 python/code/ch6/population.py", line 20, in <module>

```
        main()
    File "C:/Users/thin 知识点 ad/Desktop/Python 课程 /1 python/code/ch6/
population.py", line 16, in main
        print(population)
NameError: name 'population' is not defined
```

Program 6-10 (code\ch6\global_value.py)

程序要求：定义函数，访问全局变量的值。

输入：无

输出：全局变量的值

程序代码：

```
1   # 定义函数，访问全局变量的值
2
3   # 定义全局变量
4   value = 10
5
6   # 定义函数，访问全局变量
7   def get_value():
8       print(value)
9
10  # 定义主函数
11  def main():
12      get_value()
13
14  # 执行主函数
15  main()
```

运行结果：

```
10
```

Program 6-11 (code\ch6\update_global_value.py)

程序要求：通过函数修改全局变量的值。

输入：无

输出：修改后的全局变量的值

第 6 章 函 数

程序代码：

```
1   # 通过函数修改全局变量
2
3   value = 0  # 定义全局变量
4
5   # 定义函数，修改全局变量
6   def  get_value():
7       global value     # 通知函数，将要使用全局变量
8       value = input("在函数中，输入全局变量value的新值：\n")
9
10  # 定义主函数
11  def main():
12      print("全局变量value的初始值为：", value)
13      get_value()
14      print("全局变量value的当前值为：", value)
15
16  # 执行主函数
17  main()
```

运行结果：

全局变量value的初始值为：0
在函数中，输入全局变量value的新值：
100
全局变量value的当前值为：100

Program 6-12 (code\ch6\shadow_global_value.py)

程序要求：函数中的同名变量隐藏全局变量。

输入：无

输出：全局变量的值

程序代码：

```
1   # 函数中的同名变量隐藏全局变量
2
3   value = 0   # 定义全局变量
4
5   # 定义函数
```

```
6   def get_value():
7       value = input("请输入函数中变量value的值：\n")    # 函数内的同名变量
隐藏全局变量
8       print("函数中变量value的值为：",value)
9
10  # 定义主函数
11  def main():
12      get_value()
13      print("全局变量value的值为：", value)
14
15  # 执行主函数
16  main()
```

运行结果：

请输入函数中变量value的值：

50

函数中变量value的值为：50

全局变量value的值为：0

备注：关于全局变量，多数程序员建议在函数中谨慎使用或不使用全局变量。因为全局变量将为调试带来困难；另外，全局变量也使程序变得难以理解。

在需要使用全局变量的大多数情况下，可以在本地创建变量，并通过实参的形式传递给需要访问它们的函数。

知识点 6-5 形参和实参

形参（形式参数）：在定义函数时使用的参数，形参是一个变量，当调用该函数时，用于接收传递给函数的值。

实参（实际参数）：在函数调用时，传递给函数的值。

Program 6-13 (code\ch6\pass_argument.py)

程序要求：利用函数计算一个数的平方。（注：将一个实参的值传递给函数的形参。）

输入：一个实参的值

输出：这个数的平方

程序代码：

```
1   # 利用函数计算一个数的平方
```

```
 2
 3   # 定义函数
 4   def get_square(value):
 5       result = value ** 2
 6       print("平方值为, ",result)
 7
 8   # 定义主函数
 9   def main():
10       n = int(input("请输入实参的值：\n"))
11       get_square(n)    # 将实参 n 的值传递给形参 value
12       print("实参的值为, ",n)
13
14   # 执行主函数
15   main()
```

运行结果：

请输入实参的值：

3

平方值为，9

实参的值为，3

程序大体执行过程：

① 执行程序第 15 行，跳转至程序第 9 行，调用 main( ) 函数；

② 执行程序第 10 行，输入一个数，n = 3（变量 n 的值赋值为 3）；

③ 执行程序第 11 行，调用 get_square(3)（实参的值 3，传递给形参变量 value），跳转至程序第 4 行；

④ 执行程序第 5 行，局部变量 result = 3**2；

⑤ 执行程序第 6 行，显示"平方值，9"；

⑥ 返回至程序第 11 行；

⑦ 执行程序第 12 行，显示"实参的值为，3"；

⑧ 返回至程序第 15 行，结束程序。

注意：调用函数时，将一个变量传递给函数，实际上传递的是这个变量的值，而不是这个变量本身。

Program 6-14 (code\ch6\drink_water.py)

程序要求：将一个实参的值传递给函数的形参，测试传递的是变量的值，不是变量本身。

程序代码：

```
1   # 测试传递给函数的是变量的值，而不是变量本身
2
3   # 定义一个函数，记录水杯的状态
4   def drink_water(glass_status):
5       message = 'Drinking ' + glass_status + ' glass.'
6       print(message)
7       glass_status = 'empty'   # 对glass_status进行重新赋值
8
9   # 定义主函数
10  def main():
11      glass_status = 'full'
12      drink_water(glass_status)   # 将值'full'赋值给函数的形参变量glass_status
13      print('The glass is ', glass_status)
14
15  # 执行主函数
16  main()
```

运行结果：

```
Drinking full glass.
The glass is full
```

注释：在主函数中，将值"full"赋值给函数的形参变量 glass_status，形参变量 glass_status 的作用域仅在函数 drink_water 内。因此，对其进行的任何改变，不会在函数外可见。

Program 6-15 (code\ch6\drink_water_over.py)

程序要求：通过返回值，记录杯子的状态。

第 6 章 函　数

程序代码：

```
1   #  通过变量记下函数返回的值
2
3   # 定义一个函数，返回杯子的状态
4   def drink_water(glass_status):
5       message = 'Drinking ' + glass_status + ' glass.'
6       print(message)
7       current_status = 'empty'
8       return current_status
9
10  # 定义主函数
11  def main():
12      glass_status = 'full'
13      status = drink_water(glass_status)
14      print('The glass is ', status)
15
16  # 执行主函数
17  main()
```

运行结果：

```
Drinking full glass.
The glass is empty
```

知识点 6-6　递归函数

一个函数可以去调用另一个函数，函数也可以调用函数自身。若一个函数在内部调用函数自身，则这个函数就是递归函数。

在使用递归时，需要注意以下两点。

1）递归是在函数里调用自身。

2）必须有一个明确的递归结束条件，称为递归出口。

Program 6-16 (code\ch6\n_factorial_recursion.py)

程序要求：利用递归，实现整数的阶乘。

程序代码：

```
1   # 利用递归，计算 n! (如 4!，6!)
2
```

```
 3    # 定义函数
 4    def factorial(n):
 5        if n == 0:
 6            return 1       # 递归出口
 7        else:
 8            return n * factorial(n - 1)
 9
10    print('4!=', factorial(4))
11    print('6!=', factorial(6))
```

运行结果：

4!= 24
6!= 720

注释：

为了明确递归步骤，对 4! 进行过程分解：

factorial(4)	＃第 1 次调用
4 * factorial(3)	＃第 2 次调用
4* (3 * factorial(2))	＃第 3 次调用
4 * (3 * (2 * factorial(1)))	＃第 4 次调用
4 * (3 * (2 * 1))	＃从第 4 次调用返回
4 * (3 * 2)	＃从第 3 次调用返回
4 * 6	＃从第 2 次调用返回
24	＃从第 1 次调用返回

Program 6-17 (code\ch6\fibonacci.py)

程序要求：利用递归，实现 1 到 10 的斐波那契数列。

程序代码：

```
1    # 利用递归，实现斐波那契数列
2
3    def fib(n):
4        if n ==0 or n == 1:
5            return 1
6        else:
7            return fib(n - 1) + fib(n - 2)
```

```
 8
 9  for i in range(1,11):
10      print(fib(i))
```
运行结果:
```
1
2
3
5
8
13
21
34
55
89
```

6.4 进阶实例

（1）利用函数，实现简单计算器

Program 6-18 (code\ch6\simple_caculator.py)

程序要求：利用函数，设计一个简单计算器，实现加、减、乘、除运算。
输入：输入两个数及运算类型
输出：输出相应的结果
程序代码：

```
1  # 利用函数，设计一个简单计算器，实现加、减、乘、除运算
2
3  # 加法
4  def add(a,b):
5      return a + b
6
7  # 减法
8  def subtract(a,b):
```

```
9       return a - b
10
11  # 乘法
12  def multify(a,b):
13      return a * b
14
15  # 除法
16  def divide(a,b):
17      return a / b
18
19  # 定义主函数
20  def main():
21      print("请选择操作：1.加法   2.减法   3.乘法   4.除法 ")
22      choice = int(input("请输入选择（1-4）:\n"))
23      x = float(input("请输入第一个数:\n"))
24      y = float(input("请输入第二个数:\n"))
25
26      # 运算规则
27      if choice == 1:
28          print(x, ' + ', y, ' = ', add(x,y))
29      elif choice == 2:
30          print(x, ' - ', y, ' = ', subtract(x,y))
31      elif choice == 3:
32          print(x, ' * ', y, ' = ', multify(x,y))
33      elif choice == 4:
34          print(x, ' / ', y, ' = ', divide(x,y))
35      else:
36          print("无效的输入！")
37
38  main()
```

运行结果：

请选择操作：1.加法   2.减法   3.乘法   4.除法

请输入选择（1-4）:

1

请输入第一个数:

```
1
请输入第二个数：
-2
1.0 + -2.0 = -1.0
```
（2）计算两点间的距离

$$\text{distance} = \sqrt{(x_2 - x_1)^2 + (y_2 - y_1)^2}$$

Program 6-19 (code\ch6\distance.py)

程序要求：计算两点 A(x1,y1), B(x2,y2) 间的距离。

输入：A(2,3) 和 B(5,7) 的坐标

输出：两点间的距离

程序代码：

```
1   # 计算两点 A (x1,y1), B(x2,y2) 间的距离
2
3   # 定义距离函数
4   def distance(x1,y1,x2,y2):
5       d1 = x2 - x1
6       d2 = y2 - y1
7       dist = (d1 ** 2 + d2 ** 2) ** 0.5
8       return dist
9
10  def main():
11      x1 = float(input("请输入A点的横坐标：\n"))
12      y1 = float(input("请输入A点的纵坐标：\n"))
13      x2 = float(input("请输入B点的横坐标：\n"))
14      y2 = float(input("请输入B点的纵坐标：\n"))
15      print("A、B两点间的距离为：", distance(x1,y1,x2,y2))
16
17  # 执行主函数
18  main()
```

运行结果：

```
请输入A点的横坐标：
2
```

请输入 A 点的纵坐标：
3
请输入 B 点的横坐标：
5
请输入 B 点的纵坐标：
7
A、B 两点间的距离为：5.0

（3）汉诺塔

Program 6-20 (code\ch6\hanoi_tower.py)

程序要求：利用递归，实现汉诺塔。

输入：无

输出：3 个圆盘的移动顺序

程序代码：

```
1   # 利用递归，实现汉诺塔（将盘从 a 移动到 c）
2
3   # 定义 hanoi() 函数
4   def hanoi(n, a, b, c):
5       if n == 1:
6           print (a, '--->', c)
7           return      # 递归出口
8       hanoi(n-1, a, c, b)    # 将 a 上面的 n-1 个盘，借助于 c，移动到 b
9       hanoi(1, a, b, c)      # 将 a 上剩余的最大的盘，移动到 c
10      hanoi(n-1, b, a, c)    # 将 b 上面的盘，借助于 a，移动到 c
11
12  # 调用 hanoi() 函数
13  hanoi(3,'A','B','C')
```

运行结果：

A ---> C
A ---> B
C ---> B
A ---> C
B ---> A
B ---> C

```
A ---> C
```

（4）"石头－剪刀－布"游戏升级版

Program 6-21 (code\ch6\stone-scissor-paper_update2.py)

程序要求：用户设定游戏局数，与计算机进行"石头－剪刀－布"游戏，获胜超过一半局数的一方最终获胜。

输入：用户输入"stone""scissor""paper"（输入不区分大小写）

输出：正确的一方（多者为胜，如三局两胜制或五局三胜制）

程序代码：

```
1   #用户设定游戏局数，与计算机进行"石头－剪刀－布"的游戏，获胜超过一半局数的一方最终获胜
2
3   import random      # 引入 random 模块
4   import math        # 引入 math 模块
5
6   # 定义"石头－剪刀－布"游戏
7   def stone_scissor_paper():
8       n = random.randint(0,2)     # 计算机随机选择选项
9
10      if n == 0:
11          computer_choice = 'stone'
12      elif n ==1:
13          computer_choice = 'scissor'
14      elif n==2:
15          computer_choice ='paper'
16
17      #用户输入选项
18      user_choice =input('请输入选项：stone, scissor, paper \n')
19
20      #处理大小写
21      while (user_choice.lower() != 'stone' and
22              user_choice.lower() != 'scissor' and
23              user_choice.lower() != 'paper'):
```

```
24          print('输入错误！')
25          user_choice =input('请重新输入: stone, scissor, paper \n')
26
27      # 游戏规则
28      if computer_choice == user_choice:
29          winner = 'Equal'
30      elif computer_choice == 'stone' and user_choice == 'scissor':
31          winner = 'Computer'
32      elif computer_choice == 'scissor' and user_choice =='paper':
33          winner = 'Computer'
34      elif computer_choice =='paper' and user_choice =='stone':
35          winner = 'Computer'
36      else:
37          winner = 'User'
38      # 显示单局结果
39      if winner =='Equal':
40          print('平局！')
41          print('计算机的选择:',computer_choice, ' VS ','用户的选择:',user_choice)
42      else:
43          print(winner, '获胜！')
44          print('计算机的选择:',computer_choice, ' VS ','用户的选择:',user_choice)
45      # 返回单局获胜者
46      return winner
47
48  # 定义主函数
49  def main():
50      j = int(input("请输入游戏的局数：\n"))   # 输入游戏的局数
51      k = math.ceil(j/2)
52  # 初始化
53  computer_win_num = 0
54  user_win_num = 0
55  equal_num = 0
56
```

```
57          # 计算双方的获胜局数
58          for i in range(j):
59              winner = stone_scissor_paper()
60              if winner == 'Computer':
61                  computer_win_num +=1
62              elif winner == 'User':
63                  user_win_num +=1
64              elif winner =='Equal':
65                  equal_num +=1
66
67          # 输出最后获胜者
68          if computer_win_num > user_win_num:
69              print('计算机获胜! ', computer_win_num, 'VS', user_win_num)
70              print('平局次数：',equal_num)
71          else:
72              print('用户获胜! ', user_win_num, 'VS', computer_win_num)
73              print('平局次数：',equal_num)
74
75      # 执行主函数
76      main()
```

运行结果：

请输入游戏的局数：
5
请输入选项：stone, scissor, paper
stone
User 获胜!
计算机的选择：scissor   VS   用户的选择：stone
请输入选项：stone, scissor, paper
scissor
User 获胜!
计算机的选择：paper   VS   用户的选择：scissor
请输入选项：stone, scissor, paper
paper
Computer 获胜!
计算机的选择：scissor   VS   用户的选择：paper

```
请输入选项：stone, scissor, paper
stone
User 获胜！
计算机的选择：scissor   VS   用户的选择：stone
请输入选项：stone, scissor, paper
paper
User 获胜！
计算机的选择：stone   VS   用户的选择：paper
用户获胜！  4 VS 1
平局次数：0
```

6.5 小结

本章学习了函数的相关内容，包括函数的创建及函数间的调用等，同时介绍了形参、实参和递归函数等。

第7章 海龟绘图

本章学习重点

- turtle 库简介
- 绘制各种图形
- 海龟常见动作

7.1 入门实例——第一只海龟

Program 7-1 (code\ch7\first_turtle.py)

程序要求：利用 turtle 库，画一只海龟，向前移动 50 像素。
输入：无
输出：一只海龟，向前移动 50 像素
程序代码：

```
1  # 第一个海龟程序
2  import turtle    # 引入 turtle 库
3
4  # 创建一只海龟
5  first_turtle = turtle.Turtle()
6  # 设定外形为海龟
7  first_turtle.shape('turtle')
8  # 向前移动 50 像素
9  first_turtle.forward(50)
```

运行结果如图 7-1 所示。

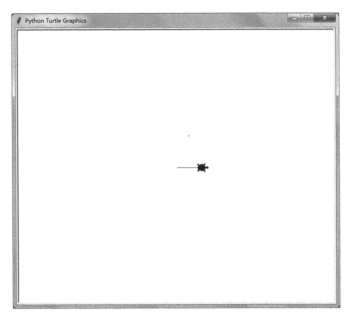

图 7-1　海龟移动

▶ 7.2　相关知识点

（1）
```
import turtle
      ①
```
注释：

① 引入 turtle 库。

（2）
```
first_turtle = turtle.Turtle()    # 创建一只新海龟
     ①             ②
```
注释：

① 变量 first_turtle；

② 调用 turtle 库的 Turtle() 函数，创建一只新海龟（赋值给变量 first_turtle）。

（3）
```
first_turtle.shape('turtle')    # 设定外形为海龟
              ①      ②
```
注释：

① 海龟的外形设置函数 shape()；

② 外形设置为"turtle"（其他可选的外形包括"arrow""turtle""circle""square""triangle""classic"等）。

（4）

```
first_turtle.forward(50)      # 向前移动 50 像素
         ①         ②
```

注释：

① 海龟的向前移动函数 forward( )；

② 设置向前移动的距离为 50 像素。

7.3 海龟绘图知识点

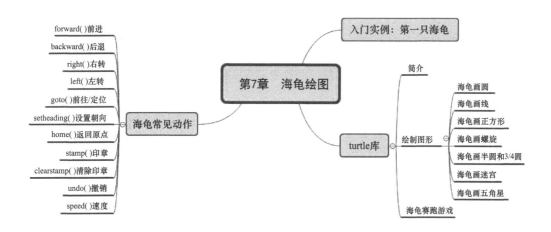

知识点 7-1　turtle 库

海龟绘图最初是由计算机科学家 Seymour Papert 等于 20 世纪 60 年代在麻省理工学院（MIT）发明的。通过组合命令，turtle 库可以轻松地绘制出精美的形状和图案。

turtle 库的绘制原理：有一只海龟在画布上游走，走过的轨迹形成了绘制的图形。具体包括以下几点。

1）一只海龟位于（网格）画布上，每个位置的坐标为 (x, y)。海龟的初始位置位于画布的中心位置 (0,0)。

2）海龟在画布上拥有朝向（可以调整方向），海龟可以向前或向后移动，也可以移动到一个特定的画布位置。

3）海龟拥有画笔，画笔可以抬起或落下，画笔也可以控制颜色和粗细。海龟在移动时，若画笔落下，则可以在画布上留下移动轨迹。

4）通过设置海龟的朝向，海龟可以向左转或向右转。

5）海龟可以拥有不同的外形，如海龟的形状、箭头或圆形等。

Program 7-2 (code\ch7\turtle_circle.py)

程序要求：利用 turtle 库，画一个半径为 100 像素的圆。

输入：无

输出：画一个半径为 100 像素的圆

程序代码：

```
1   # 利用 turtle 库，画一个半径为 100 像素的圆
2   import turtle      # 引入 turtle 库
3
4   t = turtle.Turtle()    # 创建一个名为 t 的海龟
5   t.shape('turtle')      # 设置外形（海龟）
6   t.circle(100)          # 绘制一个半径为 100 像素的圆
```

运行结果如图 7-2 所示。

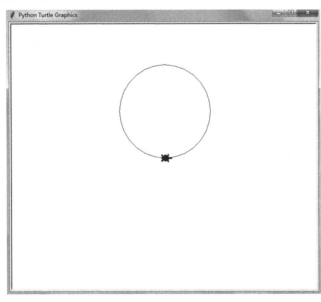

图 7-2　海龟画圆

Program 7-3 (code\ch7\turtle_line.py)

程序要求：利用 turtle 库，画不同颜色、不同粗细的直线。

输入：无
输出：不同颜色和不同粗细的直线
程序代码：

```
1   # 利用 turtle 库画不同颜色、不同粗细的直线
2   import turtle           # 引入 turtle 库
3
4   t = turtle.Turtle()     # 创建一只海龟
5   t.shape('turtle')       # 设置外形（海龟）
6
7   t.pencolor('red')       # 设置画笔的颜色，红色
8   t.forward(100)          # 前进 100 像素
9
10  t.left(90)              # 左转 90 度
11  t.pencolor('yellow')    # 重新设置画笔的颜色，黄色
12  t.width(10)             # 设置画笔的粗细
13  t.forward(100)          # 前进 100 像素
14
15  t.right(90)             # 右转 90 度
16  t.pencolor('blue')      # 重新设置画笔的颜色，蓝色
17  t.width(20)             # 重新设置画笔的粗细
18  t.forward(200)          # 前进 100 像素
```

运行结果如图 7-3 所示。

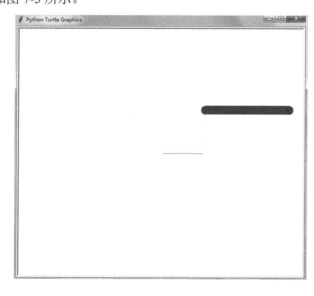

图 7-3　海龟画线

Program 7-4 ▶ (code\ch7\turtle_square.py)

程序要求：多只海龟以不同的角度画正方形。
输入：无
输出：多个正方形
程序代码：

```
1    # 多只海龟以不同的角度画正方形
2    import turtle      # 引入 turtle 模块
3
4    turtles = list()    # 创建一个空的海龟列表，全局变量
5
6    # 定义函数，画正方形
7    def make_square(t):
8        for i in range(0,4):
9            t.forward(150)      # 海龟向前移动的距离
10           t.right(90)         # 海龟右转 90 度
11
12   # 定义函数，创建多只海龟，拥有不同颜色的画笔
13   def setup():
14       global turtles    # 声明对全局变量的使用
15       turtle_color = ['blue', 'red', 'purple', 'brown', 'green', 'black']    # 定义颜色列表
16       for i in range(0,len(turtle_color)):
17           new_turtle = turtle.Turtle()
18           new_turtle.shape('turtle')
19           new_turtle.pencolor(turtle_color[i])    # 设置海龟画笔的颜色
20           turtles.append(new_turtle)              # 将新海龟添加至海龟列表
21
22   # 定义主函数
20   def main():
21       global turtles
22       setup()           # 调用 setup 函数
23
24       # 开始画正方形
25       for i in range(0,len(turtles)):
26           turtles[i].right(i*60)        # 调整每只海龟的转向
```

```
27          make_square(turtles[i])      # 每只海龟开始画图
28
29  # 执行主函数
30  main()
```

运行结果如图 7-4 所示。

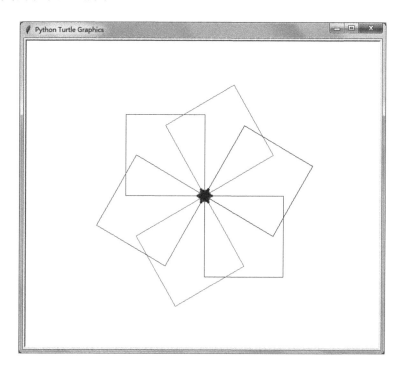

图 7-4 海龟画正方形

Program 7-5 (code\ch7\turtle_spiral.py)

程序要求：海龟画螺旋。

输入：无

输出：螺旋

程序代码：

```
1  # 海龟画螺旋
2  import turtle   # 引入 turtle 模块
3
4  # 定义函数，画正方形
5  def get_square(t):
6      for i in range(0,4):
```

```
7           t.forward(150)      # 海龟向前移动的距离
8           t.right(90)         # 海龟右转 90 度
9
10  # 定义函数，画螺旋
11  def get_spiral(t):
12      for i in range(0,36):
13          get_square(t)       # 调用 get_square() 函数
14          t.right(10)
15
16  t1 = turtle.Turtle()        # 第一只海龟
17  t1.shape('turtle')
18  t1.pencolor('red')
19  get_spiral(t1)
20
21  t2= turtle.Turtle()         # 第二只海龟
22  t2.shape('turtle')
23  t2.pencolor('blue')
24  t2.right(5)
25  get_spiral(t2)
```

运行结果如图 7-5 所示。

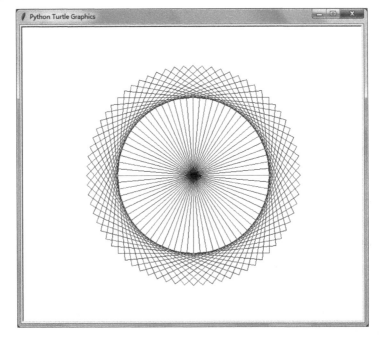

图 7-5 海龟画螺旋

知识点 7-2　海龟常见动作

（1）forward( ) 前进

语法格式：turtle.forward(distance)

海龟前进 distance 指定的距离，方向为海龟的朝向。

（2）backward( ) 后退

语法格式：turtle.back(distance)

海龟后退 distance 指定的距离，方向与海龟的朝向相反，不改变海龟的朝向。

（3）right( ) 右转

语法格式：turtle.right(angle)

海龟右转 angle 个单位（单位默认为角度）。参数 angle 是一个数值（整型或浮点型）。

（4）left( ) 左转

语法格式：turtle.left(angle)

海龟左转 angle 个单位（单位默认为角度）。参数 angle 是一个数值（整型或浮点型）。

（5）goto( ) 前往 / 定位

语法格式：turtle.goto(x, y=None)

x 为一个数值或数值对（向量），y 为一个数值或 None。海龟移动到一个绝对坐标，不改变海龟的朝向。

（6）setheading( ) 设置朝向

语法格式：turtle.setheading(to_angle)

to_angle 为一个数值（整型或浮点型），设置海龟的朝向为 to_angle。

（7）home( ) 返回原点

语法格式：turtle.home( )

海龟移至初始坐标 (0,0)，并设置朝向为初始方向。

（8）circle( ) 画圆

语法格式：turtle.circle(radius)

radius 为一个数值，绘制一个 radius 指定半径的圆。

（9）stamp( ) 印章

语法格式：turtle.stamp( )

在海龟当前位置印制一个海龟形状，返回该印章的 stamp_id，可以通过调用 clearstamp(stamp_id) 来删除印章。

（10）clearstamp( ) 清除印章

语法格式：turtle.clearstamp(stampid)

清除 stampid 指定的印章。

（11）undo( ) 撤销

语法格式：turtle.undo( )

撤销最近的一个海龟动作。

（12）speed( ) 速度

语法格式：turtle.speed(speed=None)

speed 为一个 0～10 范围内的整数或速度字符串。速度字符串与速度值的对应关系如下：

- fastest：0 最快；
- fast：10 快；
- normal：6 正常；
- slow：3 慢；
- slowest：1 最慢。

备注：更多信息请查询 Python 官网文档。

Program 7-6 (code\ch7\turtle_ circle_2.py)

程序要求：设置窗口背景，画两只海龟，以不同的速度画半圆和 3/4 圆。

输入：无

输出：两只海龟，以不同的速度画半圆和 3/4 圆

程序代码：

```
1   # 画两只海龟，以不同的速度画圆
2   import turtle                    # 引入 turtle 库
3
4   win = turtle.Screen()            # 创建一个图形化窗口
5   win.bgcolor('blue')              # 设置窗口的背景色
6
7   t1 = turtle.Turtle()             # 创建一个名为 t1 的海龟
8   t1.shape('turtle')               # 设置外形
9   t1.color('red')                  # 设置海龟的颜色
10  t1.setheading(0)                 # 设置海龟的朝向
11  t1.speed('slowest')              # 设置海龟的速度
12  t1.circle(130,180)               # 以 130 像素为半径，画半圆
```

```
13
14  t2 = turtle.Turtle()       # 创建一个名为 t2 的海龟
15  t2.shape('turtle')         # 设置外形
16  t2.color('yellow')         # 设置海龟的颜色
17  t2.setheading(180)         # 设置海龟的朝向
18  t2.speed('normal')         # 设置海龟的速度
19  t2.stamp()                 # 在海龟当前位置印制一个海龟形状
20  t2.circle(50,270)          # 以 50 像素为半径，画 270 度圆
```

运行结果如图 7-6 所示。

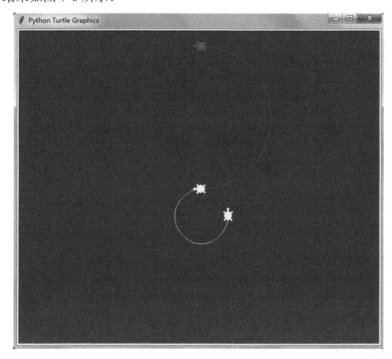

图 7-6 海龟画半圆和 3/4 圆

7.4 进阶实例

（1）画迷宫

Program 7-7 (code\ch7\turtle_loop.py)

程序要求：利用 turtle 库，画一个迷宫。

输入：无

输出：一个迷宫

程序代码：

```
1   # 海龟画迷宫
2   import turtle              # 导入 turtle 库
3
4   win = turtle.Screen()      # 创建一个图形化窗口
5
6   t1 = turtle.Turtle()       # 创建一个名为 t1 的海龟
7   t1.shape('turtle')         # 设置外形
8   t1.color('green')          # 设置颜色
9   t1.speed('fastest')        # 设置速度
10
11  for i in range(50):        # 循环 20 次
12      t1.forward(I * 10)     # 向前爬行 I * 10 像素
13      t1.left(90)            # 左转 90 度
14
15  t1.hideturtle()            # 隐藏海龟
```

运行结果如图 7-7 所示。

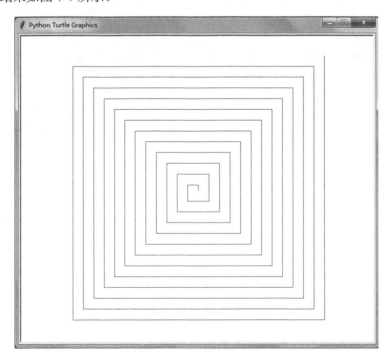

图 7-7　海龟画迷宫

（2）海龟画五角星

Program 7-8 ▶ (code\ch7\turtle_ pentangle.py)

程序要求：利用 turtle 库，画一个五角星。
输入：无
输出：画一个五角星
程序代码：

```
1   # 海龟画五角星
2   import turtle
3   
4   t = turtle.Turtle()
5   t.shape('turtle')
6   t.pencolor('red')
7   
8   for i in range(5):
9       t.forward(150)
10      t.right(144)
11  
12  t.hideturtle()
```

运行结果如图 7-8 所示。

图 7-8　海龟画五角星

（3）海龟赛跑游戏

Program 7-9 ⟩(code\ch7\turtle_ pentangle.py)

程序要求：利用 turtle 库，实现多个海龟赛跑的游戏。
输入：无
输出：海龟赛跑
程序代码：

```
1   # 海龟赛跑
2
3   import turtle
4   import random
5
6   turtles = list()    # 定义一个空的海龟列表
7
8   # 定义初始化函数
9   def setup():
10      global turtles        # 在函数里声明使用全局变量
11      startline = 0         # 设置起点
12      # 不同海龟的坐标
13      turtle_ycor = [-40, -20, 0, 20, 40]
14      turtle_color = ['blue', 'red', 'purple', 'brown', 'green']
15
16      # 设置每一只海龟的状态
17      for i in range(0, len(turtle_ycor)):
18          new_turtle = turtle.Turtle()
19          new_turtle.shape('turtle')
20          new_turtle.penup()
21          new_turtle.setpos(startline, turtle_ycor[i])
22          new_turtle.color(turtle_color[i])
23          new_turtle.pendown()
24          turtles.append(new_turtle)
25
26  # 定义比赛函数
27  def race():
28      global turtles
29      winner = False
30      finishline = 300
31
32      while not winner:
33          for current_turtle in turtles:
```

```
34              move = random.randint(0,5)
35              current_turtle.forward(move)
36              # 判断是否到达终点
37              xcor = current_turtle.xcor()
38              if (xcor >= finishline):
39                  winner = True
40                  winner_color = current_turtle.color()
41                  print('The winner is ', winner_color[0])
42
43   setup()   # 调用 setup() 函数，初始化
44   race()    # 调用 race() 函数，开始比赛
```

运行结果：

```
The winner is green
```

运行结果如图 7-9 所示。

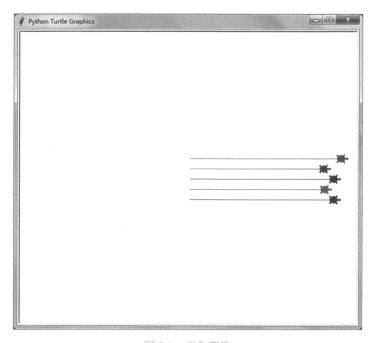

图 7-9　海龟赛跑

7.5　小结

本章简要介绍了 turtle 库，以及海龟的常见动作，通过实例，展示绘制各种图形的方法。

第 8 章 列 表

本章学习重点

- 列表的使用
- 列表的常见操作

8.1 入门实例——彩虹的颜色

Program 8-1 (code\ch8\rainbow.py)

程序要求：打印彩虹的颜色。
输入：无
输出：彩虹的七种颜色
程序代码：

```
1   # 练习使用 list, 打印彩虹的七种颜色
2
3   # 定义彩虹列表
4   rainbow = ['red', 'orange', 'yellow', 'green', 'blue', 'indigo', 'violet']
5   print("彩虹列表长度为:", len(rainbow))   # 打印彩虹列表长度
6
7   # 循环打印出彩虹列表中的每种颜色
8   for i in range(len(rainbow)):
9       print(rainbow[i])
```

运行结果：

彩虹列表长度为：7
red
orange

```
yellow
green
blue
indigo
violet
```

8.2 相关知识点

(1)
```
rainbow = ['red', 'orange', 'yellow', 'green', 'blue', 'indigo', 'violet']
    ①       ②③  ④
```

注释：

① 变量 rainbow（将新定义的列表赋值给变量 rainbow）；

② [ ] 为中括号，表示列表定义的起始和结束标志；

③ red 表示列表中的一个元素；

④ 列表中的元素用逗号进行分隔。

(2)
```
print(" 彩虹列表长度为 :", len(rainbow))    # 打印彩虹列表长度
   ①          ②                 ③
```

注释：

① print( ) 输出函数；

② 待输出的第一个字符串；

③ len(rainbow)，返回变量 rainbow 所指列表的长度。

(3)
```
for i in range(len(rainbow)):
①  ②      ③
    print(rainbow[i])
              ④
```

注释：

① for 循环；

② i 表示循环变量；

③ range(len(rainbow))，内置函数 range( ) 创建一个长度为 len(rainbow) 的整数序列（在本例中为 0,1,2,3,4,5,6）；

④ print(rainbow[i])，输出列表中的第 i 个元素。

8.3 列表知识点

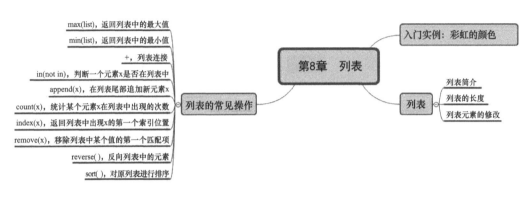

知识点 8-1　列表

列表是一系列元素的序列。在 Python 中，通常利用列表对多个相似的数据元素进行组式管理。列表用左方括号作为开始标记，右方括号作为结束标记，元素间用逗号分隔。通过列表下标访问列表中的元素。列表中的每个元素都有一个下标，从 0 开始。列表中的每个下标也都对应一个值。（注：列表中的数据元素通常是相同数据类型，也可以是不同数据类型。）

'red'	'orange'	'yellow'	'green'	'blue'	'indigo'	'violet'
下标： 0	1	2	3	4	5	6

Example 8-1

```
>>> odd_num = [1, 3, 5, 7, 9]
>>>print(odd_num[0])      # 第一个元素的下标为 0
1
>>>print(odd_num[4])
9
>>> lenth = len(odd_num)
>>> last = odd_num[lenth-1]
>>> print(last)      # 输出列表 odd_num 中的最后一个元素（下标为，列表长度 -1）
9
>>> last = odd_num[-1]     #Python 提供了更为简单的方法，利用 -1 指定列表中最后
```

118

一个元素的位置

```
>>> print(last)
9
>>> second_last = odd_num[-2]     # 列表中的倒数第二个元素
>>> print(second_last)
7
```

Example 8-2

```
>>> month = ['Jan.','Feb.','Mar.','Apr.', 'May.', 'Jun.', 'Jul.', 'Aug.',
'Sep.', 'Oct.', 'Nov.','Dec.']
>>> print(month[0])
Jan.
>>> print(month[11])
Dec.
```

Example 8-3

```
>>> person_info = ['Olivia', '2015-04-23', 4, 'Reading, Dancing,
Physical Education', 5168.0]
>>> print(person_info)
[' Olivia', '2015-04-23', 4, 'Reading, Dancing, Physical Education',
5168.0]
```

知识点 8-2　列表的长度

len( ) 函数：返回列表中元素的个数。

Example 8-4

```
>>> len(num)
7
>>> len(month)
12
>>> len(person_info)
5
```

Program 8-2 ▶ (code\ch8\list_mid_value.py)

程序要求：显示列表中间元素的值。

输入：一个字符串（以空格分隔）

输出：列表中间位置的元素

程序代码：

```
1   # 显示列表中间元素的值
2
3   # 定义函数，返回中间位置的元素
4   def mid(ls):
5       pos =len(ls)//2
6       return ls[pos]
7
8   # 定义主函数
9   def main():
10      s = input("请输入一个列表：\n")     # 输入一个字符串
11      ls = s.split()            # 以空格作为分隔符，将字符串 s 分隔为多个字符串，形成列表
12      r = mid(ls)                        # 调用 mid 函数，返回列表的中间元素
13      print("列表中间元素的值为：", r)
14
15  # 执行主函数
16  main()
```

运行结果：

请输入一个列表：
1 2 3 4 5 6 7
列表中间元素的值为：4

知识点 8-3　遍历列表

Example 8-5 ▶

```
>>>rainbow = ['red', 'orange', 'yellow', 'green', 'blue', 'indigo', 'violet']
>>> for i in range(len(rainbow)):
       print(rainbow[i])
```

```
red
orange
yellow
green
blue
indigo
violet
```

Example 8-6

```
>>> for item in rainbow:
        print(item)
red
orange
yellow
green
blue
indigo
violet
```

知识点 8-4　列表元素的修改

Example 8-7

```
>>> work_day = ['Monday', 'Tuesday', 'Wednesday', 'Thursday', 'Friday']
>>> print(work_day)
['Monday', 'Tuesday', 'Wednesday', 'Thursday', 'Friday']
>>> print(work_day[0])
Monday
>>> work_day[0] = '星期一'    # 修改第 1 个元素
>>> work_day[4] = '周五'      # 修改第 5 个元素
>>> print(work_day)
['星期一', 'Tuesday', 'Wednesday', 'Thursday', '周五']
```

知识点 8-5　列表的常见操作

（1）max(list)：返回列表中的最大值。

(2) min(list):返回列表中的最小值。

Example 8-8

```
>>> list1 = [1, 2, 3, 4, 5]
>>> max(list1)
5
>>> min(list1)
1
>>> list2 = ['A', 'B', 'C']
>>> max(list2)
'C'
>>> min(list2)
'A'
```

(3) +:列表连接。

Example 8-9

```
>>> list1 = [1, 2, 3, 4, 5]
>>> list2 = ['A', 'B', 'C']
>>> list_all = list1 + list2
>>> print(len(list_all))
8
>>> print(list_all)
[1, 2, 3, 4, 5, 'A', 'B', 'C']
```

(4) in (not in):判断一个元素是否在列表中。

Example 8-10

```
>>> list3 = [1, 3, 5, 7, 9, 11]
>>> print(3 in list3)
True
>>> print(-3 in list3)
False
>>> print(-3 not in list3)
True
```

（5）append(x)：在列表尾部追加新元素 x。

Example 8-11

```
>>> list3.append(13)
>>> print(list3)
[1, 3, 5, 7, 9, 11, 13]
```

（6）count(x)：统计某个元素 x 在列表中出现的次数。

Example 8-12

```
>>> list4 = [1, 3, 5, 7, 9, 5, 9, 11, 9]
>>> list4.count(1)      # 统计列表中 1 出现的次数
1
>>> list4.count(9)      # 统计列表中 9 出现的次数
3
```

（7）index(x)：返回列表中出现 x 的第一个索引位置。

Example 8-13

```
>>> list4.index(5)  # 查询列表中 5 出现的第一个索引位置
2
>>> list4.index(9)  # 查询列表中 9 出现的第一个索引位置
4
```

（8）remove(x)：移除列表中某个值的第一个匹配项。

Example 8-14

```
>>> print(list4)
[1, 3, 5, 7, 9, 5, 9, 11, 3]
>>> list4.remove(5)    # 从列表中移除第一个 5
>>> print(list4)
[1, 3, 7, 9, 5, 9, 11, 3]
```

（9）reverse( )：反向列表中的元素。

Example 8-15

```
>>> print(list4)
```

```
[1, 3, 7, 9, 5, 9, 11, 3]
>>> list4.reverse()
>>> print(list4)
[3, 11, 9, 5, 9, 7, 3, 1]
```

（10）sort( )：对原列表进行排序。

Example 8-16

```
>>> print(list4)
[3, 11, 9, 5, 9, 7, 3, 1]
>>> list4.sort()
>>> print(list4)
[1, 3, 3, 5, 7, 9, 9, 11]
```

8.4 进阶实例

（1）输出列表中的奇数

程序要求：输出列表中的奇数。

输入：输入一个由整数组成的字符串，用空格分隔

输出：输出列表中的奇数

（详见代码 code\ch8\list_odd.py）

（2）交换列表中的最大值和最小值

程序要求：交换列表中的最大值和最小值。

输入：输入一个由唯一数字组成的字符串，用空格分隔

输出：输出交换后的新列表

提示：

① 找出最大值的位置；

② 找出最小值的位置；

③ 将二者交换；

④ 打印输出。

（详见代码 code\ch8\list_swap.py）

（3）统计列表中不同元素的个数

程序要求：统计列表中不同元素的个数。

输入：输入一个数字组成的字符串，用空格分隔

输出：输出不同元素的值及出现次数

（详见代码 code\ch8\list_stastics.py）

（4）利用列表管理用户名

程序要求：利用列表对用户名进行管理，如果新输入的用户名在列表中已经存在，提示重新输入。

输入：一个用户名

输出：整个用户名列表

（详见代码 code\ch8\user_name.py）

8.5 小结

本章对列表及列表的常见操作进行了介绍。

第 9 章 元 组

本章学习重点
- 元组的使用
- 元组和列表的区别

▶ 9.1 入门实例——学生信息

Example 9-1 ▶

```
>>> person = ("李明", 1991, "计算机专业", 2019, "长清湖校区")
>>> type(person)
<class 'tuple'>
>>> print(person)
('李明', 1991, '计算机专业', 2019, '长清湖校区')
```

▶ 9.2 相关知识点

```
person = ("李明", 1991, "计算机专业", 2019, "长清湖校区")
           ①      ②        ③        ④
```

注释：
① 变量 person（将新定义的元组赋值给变量 person）；
② 括号( )表示元组定义的起始和结束标志；
③ 李明是元组中的一个元素；
④ 元组中的元素用逗号进行分隔。

9.3 元组知识点

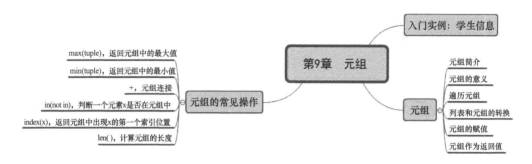

知识点 9-1　元组

元组是一系列任意类型的数据元素的集合,操作和列表相似,区别在于元组不可修改。通过下标可以访问元组的元素,下标从 0 开始。定义元组时,使用小括号 ( );而定义列表时,使用中括号 [ ]。元组可以存放各种类型的数据元素。

元组支持列表的所有常见操作,如 len( )、min( )、max( )、in 等。元组不支持对元组发生改变的操作,如 append( )、remove( )、insert( )、reverse( )、sort( ) 等。

知识点 9-2　元组的意义

元组和列表类似,为什么元组还要存在呢?原因主要有两个:①元组的处理效率高。相比于列表,当处理大量的、无须修改的数据时,元组的处理效率更高;②数据的安全性更高。元组一旦建立,不会被程序中的任何代码修改。

知识点 9-3　遍历元组

Example 9-2

```
>>> person = ("李明", 1991, "计算机专业", 2019, "长清湖校区")
>>> for item in person:      #遍历元组中的元素
     print(item)
李明
1991
计算机专业
2019
```

长清湖校区

Example 9-3

```
>>> for i in range(len(person)):    # 遍历元组中的元素
        print(person[i])
李明
1991
计算机专业
2019
长清湖校区
```

知识点 9-4 列表和元组的转换

Example 9-4 列表转换为元组

```
>>> rainbow = ['red', 'orange', 'yellow', 'green', 'blue', 'indigo', 'violet']
>>> t_rainbow =tuple(rainbow)   # 利用内置函数 tuple 将 rainbow 转换为元组
>>> print(rainbow)
['red', 'orange', 'yellow', 'green', 'blue', 'indigo', 'violet']
>>> print(t_rainbow)
('red', 'orange', 'yellow', 'green', 'blue', 'indigo', 'violet')
>>> type(rainbow)
<class 'list'>
>>> type(t_rainbow)
<class 'tuple'>
```

Example 9-5 元组转换为列表

```
>>> even_num = (2,4,6,8,10)       # 定义元组 even_num
>>> list_even_num = list(even_num) # 利用内置函数 list 将 even_num 转换为列表
>>> print(even_num)
(2, 4, 6, 8, 10)
>>> print(list_even_num)
[2, 4, 6, 8, 10]
>>> type(even_num)
<class 'tuple'>
```

```
>>> type(list_even_num)
<class 'list'>
```

知识点 9-5　元组的赋值

Example 9-6 交换两个变量的值

```
>>> a = 10
>>> b = 20
>>> print(a,",", b)
10 , 20
>>> temp = a
>>> a = b
>>> b = temp
>>> print(a)
20
>>> print(b)
10
```

Example 9-7 利用元组交换值

```
>>> a = 10
>>> b = 20
>>> (a,b) = (b,a)
>>>print(a)
20
>>> print(b)
10
```

知识点 9-6　元组作为返回值

通常函数仅返回一个值，若利用 tuple 作为返回值，则可以返回多个值。例如，divmod(a,b) 是 Python 的一个内置函数。若 a, b 是两个整数，当返回一对商和余数时，结果和 (a // b, a % b) 一致。

Example 9-8

```
>>> result = divmod(10, 3)
>>> type(result)
<class 'tuple'>
```

```
>>> print(result)
(3, 1)
```

Program 9-1 ▶ (code\ch8\circle.py)

程序要求：计算圆的周长和面积。

输入：圆的半径

输出：圆的周长和面积

程序代码：

```
1   # 计算圆的周长和面积
2
3   # 定义函数，利用元组返回圆的周长和面积
4   def circle(r):
5       c = 2 * 3.14 * r
6       s = 3.14 * r * r
7       return (c, s)
8
9   # 定义主函数
10  def main():
11      r = int(input("请输入圆的半径：\n"))
12      print("该圆的周长和面积为：", circle(r))
13
14  # 执行主函数
15  main()
```

运行结果：

请输入圆的半径：
4
该圆的周长和面积为： (25.12, 50.24)

知识点 9-7　元组常见内置函数

（1）len(tuple)

功能：计算元组的长度。

```
>>> person = ("李明", 1991, "计算机专业", 2019, "长清湖校区")
>>> len(person)
5
```

（2）tuple(seq)

功能：将列表转换为元组。

（详见 Example 9-1，列表转化为元组）

9.4 进阶实例

Program 9-2 (code\ch8\min_max.py)

程序要求：计算最大值和最小值。
输入：一个由不同数字组成的字符串，用空格分隔
输出：利用元组返回最大值和最小值
程序代码：

```
1   # 计算最大值和最小值
2
3   # 定义函数，返回元组中的最大值和最小值
4   def min_max(t):
5       return min(t),max(t)
6
7   # 定义主函数
8   def main():
9       ls = input("请输入一个由不同数字组成的字符串，用空格分隔：\n").split()
10      t =tuple(ls)
11      print(" 最小值和最大值分别为：", min_max(t))
12
13  # 执行主函数
14  main()
```

运行结果：
请输入一个由不同数字组成的字符串，用空格分割：
1 3 5 2 8 1 9
最小值和最大值分别为：('1', '9')

9.5 小结

本章主要介绍了元组，以及元组和列表的区别，并介绍了元组的常见用法。

第10章 字　典

本章学习重点

- 字典
- 字典的常用方法
- 字典与 list、tuple 的区别

10.1 入门实例——电话号码簿

Program 10-1 (code\ch10\ phone_dict.py)

程序要求：建立一个电话号码簿，通过人名查询对应的联系电话。

输入：人名

输出：对应的联系电话

程序代码：

```
1   # 使用字典建立电话号码簿
2
3   phone_dict = dict()      # 定义一个空字典 phone_dict
4   phone_dict['张三'] = '13905312222'
5   phone_dict['李四'] = '13905313333'
6   phone_dict['王五'] = '13905314444'
7
8   name = input("请输入查找的姓名：   \n")
9   print("您输入的姓名为：", name)
10  phonenumber = phone_dict[name]
11  print(name , '的电话是：', phonenumber)
```

运行结果：

请输入查找的姓名：

李四

您输入的姓名为：李四

李四的电话是：13905313333

10.2 相关知识点

（1）

phone_dict = dict()　　# 定义一个空字典 phone_dict
　　　①　　　　　②

注释：

① 变量 phone_dict（将新定义的空字典赋值给变量 phone_dict）；

② dict( ) 定义一个空字典。

（2）

phone_dict[' 张三 '] = '13905312222'　　# 给字典元素赋值
　　①　　　　②　　　　　　③

注释：

① 字典变量 phone_dict；

②' 张三 ' 是键；

③ '13905312222' 是值。

10.3 字典知识点

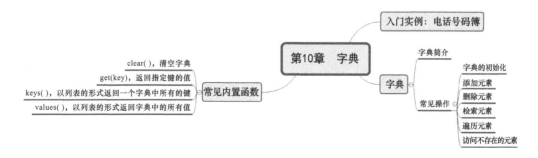

知识点 10-1　字典

字典是一种映射，是一种无序的数据类型。（请回想一下，list 数据类型的特点是什么？）在 Python 中，字典也是数据元素的集合，每个数据元素包括两部分：键和值。之前学习的 string、list、tuple 都是有序的集合，通过整数下标作为索引访问集合中的元素。字典中的键，即索引，可以使用不同的数据类型作为索引，而不仅是整数。键及其关联的值称为"键 – 值"对。

知识点 10-2　字典的初始化

Example 10-1　建立一个空字典

```
>>>capitals = dict()      # 定义空字典
>>> type(capitals)
<class 'dict'>
>>> capitals2 = {}        # 定义空字典
>>> type(capitals2)
<class 'dict'>
>>> print(capitals)       # 打印字典
{}
```

知识点 10-3　字典元素的添加

Example 10-2

```
>>> capitals['China'] = 'Beijing'      # 中国的首都是北京
>>> capitals['USA'] = 'Washington'
>>> capitals['Russia'] = 'Moscow'
>>> capitals['Germany'] = 'Berlin'
>>> print(capitals)
{'China': 'Beijing', 'USA': 'Washington', 'Russia': 'Moscow', 'Germany': 'Berlin'}
>>> len(capitals)    # 返回字典元素的个数，即键的总数
4
```

知识点 10-4　字典元素的删除

Example 10-3　删除字典元素

```
>>> del capitals['USA']     # 删除指定的字典元素
```

```
>>> len(capitals)
3
>>> print(capitals)
{'China': 'Beijing', 'Russia': 'Moscow', 'Germany': 'Berlin'}
```

知识点 10-5　字典元素的检索

Example 10-4

```
>>> country = 'China'
>>> if country in capitals:
        print(country, capitals[country])
else:
print('字典中没有这个国家')
China Beijing
```

Example 10-5　遍历字典元素

```
>>> # 遍历字典中的所有元素
>>> for key in capitals:
    print(key, ":" , capitals[key])
China : Beijing
Russia : Moscow
Germany : Berlin
```

Example 10-6　访问字典中不存在的元素

```
>>> capitals['USA']   # capitals['USA']在 Example 10-3 中，已被删除
Traceback (most recent call last):
  File "<pyshell#20>", line 1, in <module>
    capitals['USA']
KeyError: 'USA'
>>> capitals.get('USA','No found!')      # 使用get()函数返回指定键的值，
                              # 若值不在字典中，则返回默认值，详见知识点 10-6。
'No found!'
```

知识点 10-6　字典常见内置函数

（1）dict.clear( )
功能：清空字典。

Example 10-7

```
>>> capitals = {'China' : 'Beijing',
        'USA' : 'Washington',
        'Russia' : 'Moscow'}
>>> caiptals
{'China': 'Beijing', 'USA': 'Washington', 'Russia': 'Moscow'}
>>> capitals.clear()      # 清空字典
>>> capitals
{}
```

（2）dict.get(key, default=None)
功能：返回指定键的值，若值不在字典中，则返回 default 值。

Example 10-8

```
>>> capitals = {'China' : 'Beijing',
        'USA' : 'Washington',
        'Russia' : 'Moscow'}
>>> capitals.get('China')
'Beijing'
>>> capitals.get('England')     # 没有找到 England，返回默认值 None
>>> capitals.get('England','No found!')    # 默认值为 'No found!'
'No found!'
```

（3）dict.setdefault(key, default=None)
功能：与 get( ) 类似，但若键不存在于字典中，则会添加键并将值设为 default。

Example 10-9

```
>>> capitals['England']     # 字典中不存在 'England' 元素，报错
Traceback (most recent call last):
  File "<pyshell#32>", line 1, in <module>
```

```
        capitals['England']
KeyError: 'England'
>>> capitals.setdefault('England', 'London')
'London'
>>> capitals
{'China': 'Beijing', 'USA': 'Washington', 'Russia': 'Moscow',
'England': 'London'}
```

（4）dict.keys( )

功能：以列表的形式返回一个字典所有的键。

Example 10-10

```
>>> capitals.keys()
dict_keys(['China', 'USA', 'Russia', 'England'])
```

（5）dict.values( )

功能：以列表的形式返回字典中的所有值。

Example 10-11

```
>>> capitals.values()
dict_values(['Beijing', 'Washington', 'Moscow', 'London'])
```

10.4 进阶实例

Program 10-2 (code\ch10\ alphabet_num.py)

程序要求：计算字符串中每个字符出现的次数。
输入：一个字符串
输出：每个字符出现的次数
程序代码：

```
1   #计算字符串中每个字符出现的次数
2
3   str = input("请输入一个字符串： \n")
4   dt = {}   #建立一个空字典
```

```
5
6    for s in str:
7        if s not in dt:    # 如果键 s 不在字典中，值为 1
8            dt[s] = 1
9        else:              # 如果键 s 在字典中，值加 1
10           dt[s] += 1
11
12   print(dt)              # 显示字典
```

运行结果：

请输入一个字符串：
hello world!
{'h': 1, 'e': 1, 'l': 3, 'o': 2, ' ': 1, 'w': 1, 'r': 1, 'd': 1, '!': 1}

Program 10-3 (code\ch10\ word_num.py)

程序要求：计算字符串中每个单词出现的次数。

输入：一个由若干单词组成的字符串

输出：每个单词出现的次数

程序代码：

```
1   # 计算字符串中每个单词出现的次数
2
3   str = input("请输入字符串，以空格分隔单词：\n")
4   str_list = str.split()      # 获得字符串中的单词，返回列表
5
6   dict = {}   # 建立一个空字典
7   for i in range(len(str_list)):
8       key = str_list[i]
9       if key not in dict:     # 若键 key 不在字典中，则值为 1
10          dict[key] = 1
11      else:                   # 若键 key 在字典中，则值加 1
12          dict[key] += 1
13
14  print (dict)
```

运行结果：

请输入字符串，以空格分隔单词：

```
hello world hello
{'hello': 2, 'world': 1}
```

Program 10-4 (code\ch10\ phone_dict_on_dictionary.py)

程序要求：利用字典，实现简单的通讯录功能，包括查找、添加、修改、删除和退出。

程序代码：

```
1   # 利用字典，实现简单的通讯录功能
2
3   # 定义菜单
4   LOOK_UP = 1
5   APPEND = 2
6   EDIT = 3
7   DELETE = 4
8   QUIT = 5
9
10  # 定义主函数
11  def main():
12      phone_dict = {}
13      choice = 0
14
15      # 运行规则
16      while choice != QUIT:
17          choice = get_choice()
18          if choice == LOOK_UP:
19              look_up(phone_dict)
20          elif choice == APPEND:
21              append(phone_dict)
22          elif choice == EDIT:
23              edit(phone_dict)
24          elif choice == DELETE:
25              delete(phone_dict)
26
27  # 定义 get_choice()
```

```
28  def get_choice():
29      print()
30      print('------------ 通讯录 ------------------')
31      print()
32      print('1. 查找 ')
33      print('2. 添加 ')
34      print('3. 修改 ')
35      print('4. 删除 ')
36      print('5. 退出 ')
37      print()
38
39      # 提示输入选项
40      choice = int(input("请输入操作：'1. 查找  2. 添加  3. 修改  4. 删除  5. 退出'  \n "))
41      return (choice)
42
43  # 定义查找函数
44  def look_up(phone_dict):
45      name = input('请输入姓名：')
46      if name not in phone_dict:
47          print(name, '不存在！')
48      else:
49          phone = phone_dict.get(name)
50          print(phone)
51
52  # 定义添加函数
53  def append(phone_dict):
54      name = input('请输入姓名：')
55      phone = input('请输入电话号码：')
56      if name not in phone_dict:
57          phone_dict[name] = phone
58      else:
69          print('该用户已经存在！')
60
61  # 定义修改函数
```

```
62  def edit(phone_dict):
63      name = input('请输入姓名：')
64      if name in phone_dict:
65          phone = input('请输入新电话：')
66          phone_dict[name] = phone
67      else:
68          print('该用户不存在！')
69
70  #定义删除函数
71  def delete(phone_dict):
72      name = input('请输入姓名：')
73      if name in phone_dict:
74          del phone_dict[name]
75      else:
76          print('该用户不存在！')
77
78  #执行主函数
79  main()
```

运行结果：

------------ 通讯录 ------------------

1．查找

2．添加

3．修改

4．删除

5．退出

请输入操作：'1．查找 2．添加 3．修改 4．删除 5．退出 '

2

请输入姓名：Tom

请输入电话号码：13905310001

------------ 通讯录 ------------------

1．查找

2．添加

3．修改

4．删除

```
5. 退出
请输入操作：'1. 查找 2. 添加 3. 修改 4. 删除 5. 退出'
1
请输入姓名：Tom
13905310001
```

10.5 小结

本章主要介绍了字典，以及字典的常用操作。

第11章 模 块

本章学习重点

- 模块
- Python 中常用模块
- 自定义模块
- 命名空间

11.1 入门实例——计算机随机选择"石头""剪刀""布"

Program 11-1 (code\ch11\ computer_random_choice.py)

程序要求：在"石头–剪刀–布"游戏中，计算机随机选择"石头""剪刀""布"。
输入：无
输出："石头""剪刀"或"布"
程序代码：

```
1   import random       # 引入 random 模块
2
3   # 计算机随机选择选项
4   n = random.randint(0,2)
5
6   if n == 0:
7       computer_choice = "stone"
8   elif n ==1:
9       computer_choice = "scissor"
10  elif n==2:
11       computer_choice = "paper"
12
13  print("计算机随机选择的是：",computer_choice)
```

运行结果：

计算机随机选择的是：scissor

11.2 相关知识点

（1）
```
import random
   ①      ②
```
注释：

① import 是 Python 的关键字，用于引入模块；

② Python 中的 random 模块，用于生成随机数。

（2）
```
n = random.randint(0,2)
① ②       ③    ④
```
注释：

① 变量 n，将 random 模块中 randint( ) 函数的返回值赋值给变量 n；

② random 是模块的名称；

③ randint( ) 是 random 模块中的一个产生随机整数的函数，通过模块名.函数名（参数）进行调用；

④ (0,2) 是一个范围，用于产生 0 到 2 的整数。

11.3 模块知识点

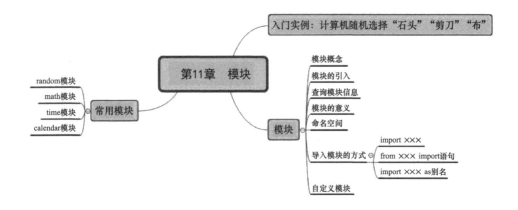

第 11 章 模 块

知识点 11-1 模块

每个模块都是一个 Python 程序，包含一组相关的函数，可以嵌入其他程序中。例如，math 模块有数学运算相关的函数，random 模块有随机数相关的函数等。在开始使用一个模块中的函数之前，必须用 import 语句引入该模块。在引入一个模块后，就可以使用该模块中的所有函数。在 Python 的官方文档中，列出了 Python 中的标准模块。

知识点 11-2 模块的引入

语法格式：

```
import module1[, module2[,... moduleN]]
```

在开始使用一个模块中的函数之前，必须用 import 语句引入该模块。在代码中，import 语句包含以下部分：

- import 关键字；
- 模块的名称；
- 可选的更多模块名称，用逗号分隔。

Example 11-1 使用 math 模块中的函数

```
>>> import math
>>> math.pi
3.141592653589793
>>> math.sqrt(4)
2.0
>>> math.cos(math.radians(180))    # math.radians(x) 将角度 x 从度数转换为弧度
-1.0
```

Program 11-2 (code\ch11\ sys_time.py)

程序要求：显示系统当前时间，直到用户输入 Quit，退出程序。
程序代码：

```
1  import datetime   # 引入 datetime 模块
2  import sys        # 引入 sys 模块
```

```
 3
 4  while True:
 5      current_time = datetime.datetime.now()
 6      print(" 系统当前时间为：", current_time)
 7      print(" 按 'Quit' 退出 ")
 8      response = input(" 输入 'Quit' 退出程序！ ")
 9      if response == 'Quit':
10          sys.exit()
```

运行结果：

```
系统当前时间为：2020-03-22 16:00:59.400953
输入'Quit'退出程序!
Quit
```

知识点 11-3　查询模块信息

语法格式：

help(模块名)

通过 help 命令可以查询模块的详细信息。

Example 11-2 查询 random 模块的信息

```
>>> import random
>>> help(random)
Help on module random:

NAME
    random - Random variable generators.

DESCRIPTION
        integers
        --------
               uniform within range

        sequences
        ---------
               pick random element
               pick random sample
```

```
                    pick weighted random sample
                    generate random permutation
```

知识点 11-4　模块的意义

模块也是一种抽象，可以使编写的程序更加简洁。模块让程序员能够有逻辑地组织 Python 代码段。通过把相关的代码分配到一个模块里能让代码更好用、更易懂。模块里能定义函数、类和变量，模块里也能包含可执行的代码。

知识点 11-5　模块的引入方式

（1）import 模块名

Example 11-3

```
>>> import math
>>> math.pi
3.141592653589793
```

（2）from import 语句

Example 11-4

```
>>> from math import sqrt, cos
>>> sqrt(4)
2.0
>>> cos(0)
1.0
```

使用这种形式的 import 语句时，调用模块中的函数时不需要"模块名."前缀。

Example 11-5

```
>>> from math import *
>>> pi
3.141592653589793
>>> cos(radians(180))
-1.0
```

这里提供了一个简单的方法来导入一个模块中的所有项目，然而这种声明一般不建议使用，因为这通常会导致代码的可读性很差。

（3）import 模块名 as 别名

Example 11-6

```
>>> import math as m
>>> m.pi
3.141592653589793
>>> m.sqrt(16)
4.0
```

知识点 11-6　自定义模块

创建自定义模块，将脚本保存为扩展名为 .py 的文件即可。导入时，不包括 .py 文件扩展名。

Program 11-3 (code\ch11\hello_world.py)

程序代码：

```
1  # 定义hello_world模块 (code\ch11\hello_world.py)
2
3  def show():
4      print('Hello World!')
```

Program 11-4 (code\ch11\self_define_module.py)

程序代码：

```
1  # 引入hello_world模块
2  import hello_world
3
4  hello_world.show()
```

运行结果：

```
Hello World!
```

知识点 11-7　命名空间

命名空间是一个标识符的集合，这些标识符属于一个模块或一个函数。通常，我们希望名称空间保存"相关"的东西，如所有的数学函数等。每个模块都有自己的名称空间，因此可以在多个模块中使用相同名称的标识符，而不会引起识别问题。

Program 11-5 ▶ (code\ch11\ namespace_module1.py)

程序要求：定义一个模块（namespace_module1），里面包含 question 和 answer 变量。

程序代码：

```
1   # namespace_module1.py
2
3   question = "What's your name?"
4   answer = 'Tom'
5
6   #定义一个函数，显示问题
7   def show_question():
8       print('Question: ',question)
9
10  #定义一个函数，显示答案
11  def show_answer():
12      print('Answer: ', answer)
```

Program 11-6 ▶ (code\ch11\ namespace_module2.py)

程序要求：定义一个模块（namespace_module2），里面包含 question 和 answer 变量。

程序代码：

```
1   # namespace_module2.py
2
3   question = "How old are you?"
4   answer = 20
5
6   #定义一个函数，显示问题
7   def show_question():
8       print('Question: ', question)
9
```

```
10    # 定义一个函数，显示答案
11    def show_answer():
12        print('Answer: ', answer)
```

Program 11-7 (code\ch11\ namesapce.py)

程序要求：引入两个模块，两个模块中包含同名的变量。

程序代码：

```
1   import namespace_module1, namespace_module2   # 引入两个模块
2   # 调用第一个模块中的函数
3   namespace_module1.show_question()
4   # 调用第一个模块中的函数
5   namespace_module1.show_answer()
6   # 调用第二个模块中的函数
7   namespace_module2.show_question()
8   # 调用第二个模块中的函数
9   namespace_module2.show_answer()
```

运行结果：

```
Question:  What's your name?
Answer:  Tom
Question:  How old are you?
Answer:  20
```

知识点 11-8　常用的模块

（1）math 模块

```
>>> import math
>>> math.sqrt(9)
3.0
>>> math.ceil(3.4)
4
```

（2）random 模块

Example 11-7 产生 5 个重复的随机数（1～10）

```
>>> for i in range(5):
    print(random.randint(1,10))
```

2
9
6
6
8

Example 11-8 产生 5 个不重复的随机数（1 ～ 10）

```
>>> result = random.sample(range(1,10),5)
>>> for i in result:
  print(i)
5
8
3
9
6
```

（1）calendar 模块

```
>>> import calendar
>>> cal = calendar.month(2020,3)
>>> print(cal)
     March 2020
Mo Tu We Th Fr Sa Su
                  1
 2  3  4  5  6  7  8
 9 10 11 12 13 14 15
16 17 18 19 20 21 22
23 24 25 26 27 28 29
30 31
>>> leap_year = calendar.isleap(2020)
>>> print(leap_year)
True
```

（2）time 模块

计算机的系统时钟设置为特定的日期、时间和时区。内置的 time 模块让 Python 程序能读取系统时钟的当前时间。

```
>>> import time
>>> current_time =  time.asctime(time.localtime())
>>> print(' 当前时间为：', current_time)
当前时间为：Thu Mar 26 16:32:59 2020
```

Program 11-8 (code\ch11\ time_left.py)

题目要求：编写一个倒计时程序，显示剩余的时间。

程序代码：

```
1   # 倒计时程序
2   import time
3
4   time_left = 10   # 设定倒计时起始时间
5   while time_left > 0:
6       print("Time left: ",time_left)
7       time.sleep(1)     # 延迟 1 秒
8       time_left = time_left-1
9   print('Time is over!')
```

运行结果：

```
Time left:  10
Time left:  9
Time left:  8
Time left:  7
Time left:  6
Time left:  5
Time left:  4
Time left:  3
Time left:  2
Time left:  1
Time left:  0
Time is over!
```

11.4 进阶实例

Program 11-9 (code\ch11\graph.py)

程序要求：绘制正弦和余弦函数图。
输入：无
输出：正弦和余弦函数图
程序代码：

```
1   # 使用 matplotlib 和 numpy 模块绘图
```

第 11 章 模 块

```
 2
 3  import matplotlib.pyplot as plt
 4  import numpy as np
 5
 6  # 获取 x 坐标
 7  x = np.linspace(0, 2*np.pi)
 8
 9  # 获取 y 坐标
10  sin = np.sin(x)
11  cos = np.cos(x)
12
13  #plot() 画出曲线
14  plt.plot(x,sin)
15  plt.plot(x,cos)
16
17  # 显示图像
18  plt.show()
```

运行结果如图 11-1 所示。

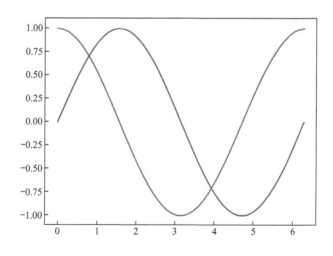

图 11-1　正弦和余弦函数图

11.5　小结

本章主要对 Python 中的模块进行了介绍，并对常用的 random、math 等模块进行了介绍。

第12章 文件操作

本章学习重点

- 读文件
- 写文件
- 异常处理

12.1 入门实例——读取文字迷宫

Program 12-1 (code\ch12\word_puzzle.py)

程序要求：读一个文件中的内容。

输入：一个 txt 文件 (word_puzzle.txt)

输出：文件的内容

文件 word_puzzle.txt 内容如下：

一 _ 千金

金枝 _ 叶

叶公 _ 龙

龙 _ 精神

神采 _ 扬

扬 _ 吐气

气壮 _ 河

河 _ 门下

下 _ 成章

章句 _ 徒

徒有 _ 名

名 _ 孙山

山穷_尽

尽_皆知

知_合一

文件操作流程图如图 12-1 所示。

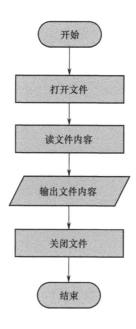

图 12-1　文件操作流程图

程序代码：

1　# 读取文字迷宫文件，练习文件操作

2

3　my_file =open("word_puzzle.txt","r") # 以只读的方式打开文件

4　file_contents = my_file.read() # 读文件的内容

5　print(file_contents)　　　# 打印文件内容

6　my_file.close()　　　# 关闭文件

运行结果：

一_千金

金枝_叶

叶公_龙

龙_精神

神采_扬

扬_吐气

气壮_河

河 _ 门下
下 _ 成章
章句 _ 徒
徒有 _ 名
名 _ 孙山
山穷 _ 尽
尽 _ 皆知
知 _ 合一

12.2 相关知识点

（1）打开文件

```
my_file =open("word_puzzle.txt","r")
     ①      ②           ③         ④
```

注释：
① 变量 my_file（指向一个文件对象）；
② open( ) 函数打开一个文件，返回一个文件对象，被赋值给一个变量 my_file；
③ "word_puzzle.txt" 指定将要打开的文件名称；
④ 'r' 表示以只读方式打开文件，文件的指针将会放在文件的开头。

（2）读文件全部内容

```
file_contents = my_file.read()
      ①              ②
```

注释：
① 变量 file_contents，用于存储文件内容；
② read([size]) 函数用于从文件中读取指定的字节数，若未指定 size，则默认为读取文件的所有内容。

（3）关闭文件

```
my_file.close()
      ①
```

注释：
① close( ) 为关闭函数，文件关闭后不能再进行读写操作。

12.3 文件操作知识点

知识点 12-1　文件

数据通常被保存为文件的形式存储在磁盘中，实现对数据的持久化保存。在 Python 中，读写文件有三个步骤：

1）调用 open( ) 函数，返回一个 File 对象；
2）调用 File 对象的 read( ) 或 write( ) 方法；
3）调用 File 对象的 close( ) 方法，关闭该文件。

知识点 12-2　打开文件

open( ) 函数的常用形式为 open(file, mode='r')，其中 file 表示将要打开的文件的路径（绝对路径或者当前工作目录的相对路径）。

mode 是一个可选字符，用于指定打开文件的模式，可选值为 'r' 'w' 'a'。

'r' 表示以只读模式打开文件。

'w' 表示以写模式打开文件，若该文件已存在，则打开文件，并从文件开头开始编辑，即原有内容会被删除；若该文件不存在，则创建新文件。

'a' 表示打开一个文件用于追加。若该文件已存在，则文件指针将会放在文件的结尾。即新的内容将会被写入已有内容之后。若该文件不存在，则创建新文件进行写入。

知识点 12-3　绝对路径和相对路径

操作系统以目录的形式组织和管理文件。文件有两个关键属性：文件名和文件路径。文件路径表示文件在计算机中的位置。有两种方法指定一个文件路径：

1)"绝对路径",从根文件夹开始;
2)"相对路径",相对于程序的当前工作目录。

在文件夹层次结构中的一个文件如图 12-2 所示,举例对比相对路径和绝对路径如图 12-3 所示。

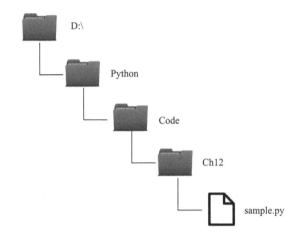

图 12-2　在文件夹层次结构中的一个文件

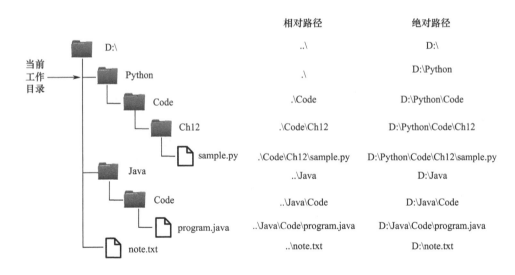

图 12-3　举例对比相对路径和绝对路径

备注:相对路径开始处的 .\ 是可选的,例如,.\note.txt 和 note.txt 指的是同一个文件。

Example 12-1

```
>>> import os    # 调用 os 模块
```

```
>>> os.getcwd()     # 获得当前工作目录
'C:\\Users \\AppData\\Local\\Programs\\Python\\Python38'
>>> os.chdir(' D:\\Python\\Code\\Ch12')     # 更改工作目录
>>> os.path.exists('word_puzzle.txt')   # 判断一个文件或文件夹是否存在于当前工作目录
True
>>> os.path.abspath('word_puzzle.txt')    # 显示一个文件的绝对路径
' D:\\Python\\Code\\Ch12\\word_puzzle.txt'
```

知识点 12-4　按行读取文件

readline( ) 函数表示按行读取文件。

Program 12-2 (code\ch12\line_read_file.py)

程序要求：读取文件中前三行的内容。

输入：一个 txt 文件（word_puzzle.txt）

输出：文件的前三行内容

程序代码：

```
1   # 按行读取文件内容
2
3   my_file =open("word_puzzle.txt","r") # 以只读的方式打开文件
4
5   line1 = my_file.readline()   # 读取一行
6   print(line1)
7
8   line2 = my_file.readline() # 读取一行
9   print(line2)
10
11  line3 = my_file.readline() # 读取一行
12  print(line3)
13
14  my_file.close()   # 关闭文件
```

运行结果：

一 _ 千金

金枝_叶
叶公_龙

Program 12-3 (code\ch12\line_read_file2.py)

程序要求：按行读取文件中的内容。

输入：一个 txt 文件（word_puzzle.txt）

输出：文件的内容

程序代码：

```
1   # 按行读取文件内容
2   my_file =open("word_puzzle.txt","r")  # 以只读的方式打开文件
3   for line in my_file:       # 按行读取文件内容
4       print(line)            # 打印每行的内容
5   my_file.close()
```

运行结果：

一_千金
金枝_叶
叶公_龙
龙_精神
神采_扬
扬_吐气
气壮_河
河_门下
下_成章
章句_徒
徒有_名
名_孙山
山穷_尽
尽_皆知
知_合一

知识点 12-5 写文件

在 open(file, mode) 函数中，将 mode 指定为 'w' 或 'a'，表示对文件进行写操作，若文件不存在，则新建文件。

Program 12-4 (code\ch12\write_not_existed_file.py)

程序要求：向一个文件中写内容，若文件不存在，则新建文件。
输入：无
输出：一个文件
程序代码：

```
1   # 写文件
2
3   outfile = open('write_file.txt','w')   # 打开一个文件
4   outfile.write('Hello World! \n')   # 将字符串写入文件
5   outfile.write('This is a test! \n')  # 将字符串写入文件
6   outfile.close()  # 关闭文件
```

运行结果如图 12-4 所示。

图 12-4　写文件

Program 12-5 (code\ch12\over_write_file.py)

程序要求：向一个文件中写内容（覆盖原有内容）。
输入：无
输出：覆盖原有内容
程序代码：

```
1   # 对已有文件进行覆盖写操作
2
3   outfile = open('write_file.txt','w')   # 打开一个文件
4   outfile.write('Hello World2! \n')    # 将字符串写入文件
```

```
5  outfile.write('This is a test2! \n')  #将字符串写入文件
6  outfile.close()  #关闭文件
```

运行结果如图 12-5 所示。

图 12-5　对已有文件进行覆盖写操作

Program 12-6 (code\ch12\append_write_file.py)

程序要求：向一个文件中写内容（在原有内容上，进行追加新内容）。

程序代码：

```
1  #写文件（追加写）
2
3  outfile = open('write_file.txt','a')   #打开一个文件
4  outfile.write('Hello World3! \n')   #将字符串写入文件
5  outfile.write('This is a test3! \n')  #将字符串写入文件
6  outfile.close()  #关闭文件
```

运行结果如图 12-6 所示。

图 12-6　追加写操作

第 12 章 文件操作

知识点 12-6 异常处理

在第二章介绍过，程序一般有三种类型的错误：语法错误、语义错误和运行错误。运行错误是直到运行时才出现的错误，这种错误也被称为异常。异常是指在代码执行期间发生的某个事件，Python 解释器无法处理。这时，解释器停止执行代码，创建一个关于错误信息的异常对象。

例如，若打开一个不存在的文件，则系统会抛出 FileNotFoundError 异常。当除数为零时，会抛出 ZeroDivisionError 异常。

使用 try 和 except 语句来处理 Python 的异常，程序就可以从预期的异常中恢复。那些可能出错的语句被放在 try 子句中，若在 try 子句中的代码导致一个错误，则程序执行就立即转到 except 子句的代码。

Program 12-7 (code\ch12\read_not_exist.py)

程序要求：打开一个不存在的文件（"hello_new.txt" 不存在），抛出异常。
输入：无
输出：异常
程序代码：

```
1   # 读文件
2
3   infile = open('hello_new.txt','r')   # 打开一个文件
4   file_contents = infile.read()   # 读文件的内容
5   print(file_contents)
6   infile.close()        # 关闭文件
```

运行结果：
```
Traceback (most recent call last):
  File "C:\Users\thin 知识点 ad\Desktop\Python 课程 \1 python\code\ch12\file_read.py", line 3, in <module>
    infile = open('hello_new.txt','r')   # 打开一个文件
FileNotFoundError: [Errno 2] No such file or directory: 'hello_new.txt'
```

Program 12-8 (code\ch12\zero_division_error.py）

程序要求：除数为零，抛出异常。
输入：被除数和除数（除数为 0）

输出：异常

程序代码：

```
1   # 除数为零，抛出异常
2
3   x = float(input('请输入被除数：'))
4   y = float(input('请输入除数：'))
5   z = x/y
6   print('结果为 ',z)
```

运行结果：

```
请输入被除数：3
请输入除数：0
Traceback (most recent call last):
  File "<pyshell#2>", line 1, in <module>
    z = x/y
ZeroDivisionError: division by zero
```

Program 12-9 (code\ch12\read_with_exception.py)

程序要求：打开一个不存在的文件（"hello_new.txt" 不存在），处理异常。

输入：无

输出：提示信息

程序代码：

```
1   # 异常处理，打开一个不存在的文件
2
3   try:
4       filename = 'hello_new.txt'
5       infile = open(filename,'r')    # 打开一个文件
6       file_contents = infile.read()  # 读文件的内容
7       print(file_contents)
8       infile.close()                 # 关闭文件
9   except:
10      print('对不起，打开文件时遇到错误，请检查文件是否存在！ ',filename)
```

运行结果：

对不起，打开文件时遇到错误，请检查文件是否存在！ hello_new.txt

Program 12-10 (code\ch12\zero_division_exception.py)

程序要求：除数为 0，处理异常。

输入：无

输出：除数不能为 0

程序代码：

```
1   # 除数为零，抛出异常
2
3   try:
4       x = float(input('请输入被除数：'))
5       y = float(input('请输入除数：'))
6       z= x/y
7   except:
8       print('除数不能为 0')
```

运行结果：

请输入被除数：3
请输入除数：0
除数不能为 0

Program 12-11 (code\ch12\try-except-else-finally.py)

程序要求：练习 try-except-else-finally 语句。

程序代码：

```
1   #try-except-else-finally
2
3   try:
4       num1 = float(input("请输入一个被除数："))
5       num2 = float(input("请输入一个除数："))
6       result = num1/num2
7   except ZeroDivisionError:
8       print("除数不能为 0")
9   except ValueError:
10       print(" 输入的字符不正确 ")
11  else:
```

```
12        print("结果是：",result)
13    finally:
14        print("谢谢，程序结束！")
```

运行结果：

请输入一个被除数：10

请输入一个除数：5

结果是：2.0

谢谢，程序结束！

请输入一个被除数：4

请输入一个除数：a

输入的字符不正确

谢谢，程序结束！

请输入一个被除数：3

请输入一个除数：0

除数不能为 0

谢谢，程序结束！

except 语句可以指定异常的类型，并分别加以处理；else 后面的语句在不发生异常时被执行；finally 后面的语句，无论是否发生异常都将执行。

▶ 12.4 进阶实例

Program 12-12 ▶(code\ch12\word_puzzle_readline.py)

程序要求：填字游戏。

输入：读取 word_puzzle.txt 的每一行，输入空缺字符

输出：补充完整的成语

▶ 12.5 小结

本章主要对文件及文件的相关操作进行了介绍。

第13章 类和对象

本章学习重点

- 类和对象
- 构造函数
- 继承
- 重载

13.1 入门实例——汽车类

Program 13-1 (code\ch13\car.py)

程序要求：定义一个汽车类 Car，属性包括 company 和 color，方法包括 display( )，如图 13-1 所示。

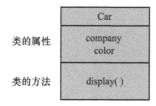

图 13-1 汽车类 Car 示意图

程序代码：

```
1   # 定义一个汽车类
2
3   class Car:
4       # 定义构造函数
5       def __init__(self, company, color):
6           self.company = company
```

```
7         self.color = color
8
9     # 定义一个方法，打印汽车厂商和颜色
10    def display(self):
11        print('This ia a', self.color, self.company)
12
13 # 创建第一个汽车对象
14 car1 = Car('Audi', 'black')
15 # 创建第二个汽车对象
16 car2 = Car('BMW', 'red')
17 car1.display()    # 调用 car1 的 display() 方法
18 car2.display()    # 调用 car2 的 display() 方法
```

运行结果：

```
This is a black Audi
This is a red BMW
```

13.2 相关知识点

知识点 13-1　构造函数

```
① class Car:
     # 定义构造函数
②    def __init__(self, company, color):
③        self.company = company
          self.color = color
```

注释：

① 定义一个类，命名为 Car（类的第一个字母大写）；

② __init__ 是构造函数；

构造函数主要用来在创建对象时完成对对象属性的初始化等操作。当创建对象时，对象会自动调用它的构造函数；

③ 初始化（self 对象的）每个属性。

知识点 13-2　定义类的方法

```
def display(self):
      ①      ②
```

```
        print('This ia a', self.color, self.company)
                     ③
```

注释：

① 定义类的方法，display( )；

② self 指新创建的对象；

③ 打印内容。

```
# 创建第一个汽车对象
car1 = Car('Audi', 'black')
 ①      ②    ③
```

注释：

① 一个对象变量，指向新创建的 Car 对象；

② 调用构造函数；

③ 为实例化一个对象，提供实参。

知识点 13-3　构造函数是如何工作的？

第一步：当构造函数被调用时，Python 首先建立一个空的 Car 对象。

一个空的 Car 对象

第二步：将参数传递给构造函数 __init__( )，这个新创建的空的 Car 对象作为第一个参数传递给 __init__( )。这个空的 Car 对象被命名为 self。

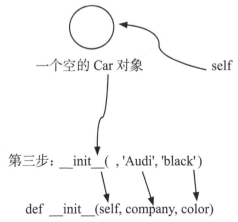

第四步：执行构造函数的主体部分，将每个参数赋值给对象的属性。

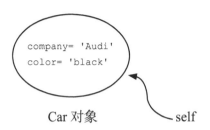

第五步：当构造函数运行结束时，返回一个 Car 对象，这个对象被赋值给变量 car1。

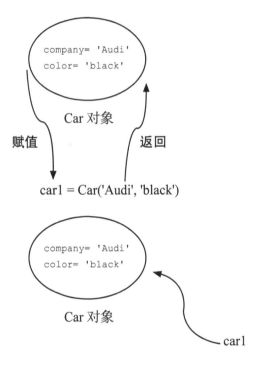

知识点 13-4　调用对象的方法

```
car1.display()
```

第 13 章 类和对象

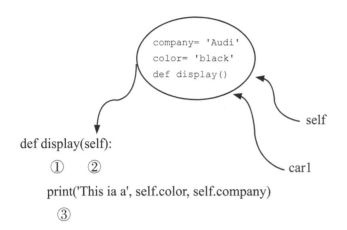

第一步：当调用对象的一个方法时，Python 将这个对象作为第一个参数，连带其他需要的参数传递给该方法。

第二步：执行方法中的程序块。在这个例子中，显示 car1.color 和 car1.company 属性值。

13.3 类和对象知识点

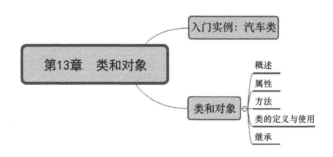

知识点 13-5　继承

Program 13-2 (code\ch13\car2.py)

程序要求：定义一个消防车类，继承汽车类。属性新增 is_working，方法新增 work( ) 和 set_work_mode( )，如图 13-2 所示。

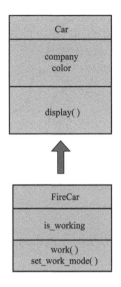

图 13-2　消防车类示意图

程序代码：

```
1   # 定义一个消防车类，继承汽车类。
2   # 定义一个汽车类
3   class Car:
4       # 定义构造函数
5       def __init__(self, company, color):
6           self.company = company
7           self.color = color
8       # 定义一个方法，打印汽车的品牌和颜色
9       def display(self):
10          print('This is a', self.color, self.company)
11  
12  # 定义消防车类
13  class Fire_truck(Car):
14      def __init__(self, company, color, is_working):   # 定义消防车类构造函数
15          Car.__init__(self, company, color)    # 调用汽车类的构造函数
16          self.is_working = is_working
17  
18      # 定义一个方法，显示消防车在救火
```

```
19      def work(self):
20          print('Fire truck is fire fighing!')
21
22      # 定义一个方法，设置消防车当前的状态
22      def set_work_mode(self):
23          self.is_working = True
24
25      # 重新定义 display() 方法
26      def display(self):
27          if self.is_working == False:
28              print('This ia a', self.color, self.company)
29          else:
30              print('Fire truck is working!')
31
32  car1 = Car('Audi', 'black')
33  car2 = Car('BMW', 'blue')
34  car1.display()
35  car2.display()
36  car3 = Fire_truck('Benz', 'red', False)
37  car3.set_work_mode()
38  car3.display()
39
40  # 判断 car3 是不是 Car 的实例
41  if isinstance(car3, Car):
42      print('This is a car!')
43  else:
44      print('This is not a car!')
```

运行结果：

```
This is a black Audi
This is a blue BMW
Fire truck is working!
This is a car!
```

注释：

```
class Fire_truck(Car):
    def __init__(self, company, color, is_working):
```

```
        Car.__init__(self, company, color)   # 父类的构造函数
        self.is_working = is_working
    def work(self):
        print('Fire truck is fire fighing!')
```

继承类 Fire_truck 拥有基类 Car 的属性（company 和 color）和方法（displays( )），也可以添加新的属性（is_working）和方法（work( )）。

知识点 13-6　重载

Program 13-3 (code\ch13\car3.py)

程序要求：定义一个水罐消防车类和泡沫消防车类，继承消防车类，如图 13-3 所示。

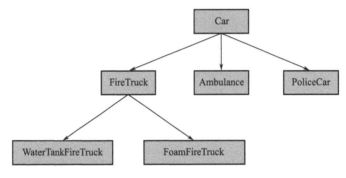

图 13-3　重载示意图

程序代码：

```
1   # 定义一个汽车类
2   class Car:
3       # 定义构造函数
4       def __init__(self, company, color):
5           self.company = company
6           self.color = color
7
8       # 定义一个方法，打印汽车的品牌和颜色
9       def display(self):
10          print('This is a', self.color, self.company)
11
12  # 定义消防车类
13  class FireTruck(Car):
14      def __init__(self, company, color, is_working):   # 定义消防车
```

类构造函数

```
15              Car.__init__(self, company, color)  # 调用汽车类构造函数
16              self.is_working = is_working

17          # 定义一个方法,显示消防车在救火
18          def work(self):
19              print('Fire truck is fire fighing!')
20
21           # 定义方法,设置状态
22          def set_work_mode(self):
23              self.is_working = True
24
25          def display(self):
26              if self.is_working == False:
27                  print('This ia a', self.color, self.company)
28              else:
29                  print('Fire truck is working!')
30
31  # 定义水罐消防车类
31  class WaterTankFireTruck(FireTruck):
32      def __init__(self,company,color,is_working):  # 定义构造函数
33          FireTruck.__init__(self,company,color,is_working)   # 调用
```
消防车类构造函数
```
34
35      def display(self):
36          if self.is_working == False:
37              print('This ia a', self.color, self.company)
38          else:
39              print('Water Tank Fire Truck is working!')
40
41  # 定义汽车对象
42  car1 = Car('Audi', 'black')
43  car2 = Car('BMW', 'blue')
44  car1.display()
45  car2.display()
```

```
46  car3 = FireTruck('Benz', 'red', False)
47  car3.set_work_mode()
48  car3.display()
49
50  car4 = WaterTankFireTruck('Linken','red',True)
51  car4.display()
52
53  if isinstance(car4, FireTruck):
54      print('This is a FireTuck!')
55  else:
56      print('This is not a FireTruck!')
57
58  if isinstance(car4, Car):
59      print('This is a Car!')
60  else:
61      print('This is not a Car!')
```

运行结果:

```
This is a black Audi
This is a blue BMW
Fire truck is working!
Water Tank Fire Truck is working!
This is a FireTuck!
This is a Car!
```

13.4 进阶实例

建立一个停车场，车辆可以进入和离开。

Program 13-4 (code\ch13\car4.py)

程序要求: 建立一个停车场，车辆可以进入和离开。

程序代码:

```
1  # 建立一个停车场，车辆可以进入和离开
```

```python
2
3   # 定义一个汽车类
4   class Car:
5       # 定义构造函数
6       def __init__(self, id, company, color):
7           self.id = id
8           self.company = company
9           self.color = color
10
11      # 定义方法,打印汽车的品牌和颜色
12      def display(self):
13          print('This is a', self.id, self.color, self.company)
14
15  # 定义消防车类
16  class FireTruck(Car):
17      def __init__(self, id, company, color, is_working):
18          Car.__init__(self, id, company, color)
19          self.is_working = is_working
20
21      # 定义方法,显示消防车在救火
22      def work(self):
23          print('Fire truck is fire fighing!')
24      # 定义方法,设置工作状态
25      def set_work_mode(self):
26          self.is_working = True
27
28      def display(self):
29          if self.is_working == False:
30              print('This ia a', self.id, self.color, self.company)
31          else:
32              print('Fire truck is working!')
33
34  # 定义水罐消防车类
35  class WaterTankFireTruck(FireTruck):
36      def __init__(self,id, company,color,is_working):
```

```
37          FireTruck.__init__(self,id, company,color,is_working)
38
39      def display(self):
40          if self.is_working == False:
41              print('This ia a', self.id, self.color, self.company)
42          else:
43              print('Water Tank Fire Truck is working!')
44
45  # 定义停车场类
46  class CarParking:
47      def __init__(self):    # 定义构造函数
48          self.id_lists = []      # 用列表 id_lists 存放汽车的编号
49          self.cars= []           # 用列表 cars 存放汽车对象
50
51  # 定义方法，进入停车场
52      def check_in(self, car):
53          if isinstance(car, Car):
54              self.id_lists.append(car.id)
55              self.cars.append(car)
56              print(car.id,' 进入停车场！')
57          else:
58              print(' 对不起，只有车辆才能进入停车场！')
59
60  # 定义方法，离开停车场
61      def check_out(self,id):
62          for i in range(0,len(self.id_lists)):
63              if id == self.id_lists[i]:
64                  car = self.cars[i]
65                  del self.id_lists[i]
66                  del self.cars[i]
67                  print(car.id, car.company, car.color, ' 离开停车场！')
68                  return
69          print(' 对不起，',id, ' 没在停车场里！')
70
71  car1 = Car(10001,'Audi', 'black')
```

```
72    car2 = Car(10002,'BMW', 'blue')
73    car3 = FireTruck(10003,'Benz', 'red', False)
74    car4 = WaterTankFireTruck(10004,'Linken','red',True)
75
76    car_parking = CarParking()
77    car_parking.check_in(car1)
78    car_parking.check_in(car2)
79    car_parking.check_in(car3)
80    car_parking.check_in(car4)
81
82    car_parking.check_out(10003)
83    car_parking.check_out(10003)
```

运行结果：

10001 进入停车场！
10002 进入停车场！
10003 进入停车场！
10004 进入停车场！
10003 Benz red 离开停车场！
对不起，10003 没在停车场里！

13.5 小结

本章简单介绍了类和对象，以及构造函数、类的继承、重载等。

第14章 Python 操作数据库

本章学习重点

- SQLite 数据库
- Python 操作 SQLite
- 数据库连接对象
- 游标对象
- 数据库基本操作（查询、插入、修改、删除）

14.1 入门实例——创建一张关系表

Program 14-1 (code\ch14\create_table.py)

程序要求：创建一张关系表，用来存储用户的联系方式。

程序代码：

```
1   # 创建一张关系表,用来存储用户的联系方式
2
3   import sqlite3    # 引入 sqlite 模块
4
5   # 连接到 sqlite 数据库,数据库名称为 phone.db
6   conn = sqlite3.connect('phone_book.db')
7   print('Open database successfully!')
8
9   cursor = conn.cursor()    # 创建一个 cursor
10
11  # 执行一条 sql 语句,建立 t_phone 表
12  cursor.execute('''create table if not exists T_phone
13      (id int primary key,
```

```
14         name varchar(10),
15         phone_number varchar(20),
16         email varchar(50));''')
17
18  print('Table created successfully!')
19
20  cursor.close()    # 关闭 cursor
21  conn.commit()     # 提交事务
22  conn.close()      # 关闭数据库连接
```

运行结果：

```
Open database successfully!
Table created successfully!
```

14.2 相关知识点

（1）
```
import sqlite3
        ①
```

注释：

① 引入 sqlite 模块。

（2）连接数据库
```
conn = sqlite3.connect(' phone_book.db ')
  ①             ②            ③
```

注释：

① 变量 conn（指向一个数据库连接对象）；

② connect( ) 用来连接数据库，若指定的数据库不存在，则数据库会被创建，最后返回一个数据库连接对象；

③ "phone_book.db" 指定将要打开的数据库文件。

（3）
```
# 执行一条 SQL 语句，建立 t_phone 表
cursor.execute('''create table if not exists T_phone
       ①                  ②
              (id int primary key,
```

```
                    name varchar(10),
                    phone_number varchar(20),
                    email varchar(50))''')
```

注释：

① 调用 cursor 的 execute( ) 方法，执行一条 SQL 语句；

② 一个字符串，包含了 SQL 中的建表语句。

（4）
```
cursor.close()    # 关闭 cursor
       ①
```

注释：

① 关闭 cursor。

（5）
```
conn.commit()    # 提交事务
       ①
```

注释：

① 提交当前的事务。

（6）
```
conn.close()    # 关闭数据库连接
       ①
```

注释：

① 关闭数据库连接。

▶ 14.3 Python 操作数据库知识点

知识点 14-1 SQLite 数据库

SQLite 是一种嵌入式数据库，它的数据库就是一个文件。其本身由 C 语言编写，体积很小，经常被集成在各种应用程序中，同样也非常适合数据库入门学习。Python 内置了 SQLite3，所以，在 Python 中使用 SQLite，不需要安装任何文件，引入 SQLite3 即可直接使用。

SQLite 数据库的大致操作步骤如图 14-1 所示。

（1）通过 SQLite connection，建立数据库连接；

（2）通过 SQLite cursor，创建游标；

（3）通过 SQLite cursor.excute( ) 执行相应的 SQL 语句；

（4）通过 SQLite cursor 的 fetchone( )、fetchall( ) 等方法来处理 cursor 对象 execute( ) 的返回值；

（5）在 SQLite connection 对象上提交更改，即 conn.commit( )；

（6）关闭 SQLite connection 对象，即 conn.close( )。

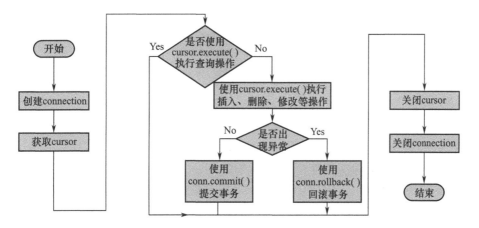

图 14-1　SQLite 数据库的大致操作步骤

知识点 14-2　连接对象

连接对象的功能是连接数据源。

Program 14-2 (code\ch14\create_database.py)

程序要求：建立一个 test 数据库。

程序代码：

```
1  #建立一个test数据库
2
3  import sqlite3    #引入sqlite模块
4
```

```
5  conn = sqlite3.connect('test.db')  # sqlite3.connect() 返回一个数据
6                                     # 库连接对象,如果数据库文件不存在,会自动在当前目录创建
7  print("Open database successfully")
```

运行结果:

```
Open database successfully
```

知识点 14-3　游标对象

游标是系统为用户开设的一个数据缓存区,存放 SQL 语句执行的结果。

Program 14-3 ▶ (code\ch14\create_table2.py)

程序要求:建立一个 test 数据库,建立一个 t_phone 表。
程序代码:

```
1   # 建立一个 test 数据库 ,建立一个 t_phone 表
2
3   import sqlite3
4
5   # 连接到 sqlite 数据库,数据库名称为 test.db
6   conn = sqlite3.connect('test.db')
7   print(' 连接数据库成功!')
8
9   # 创建一个 cursor
10  cursor = conn.cursor()
11
12  # 执行一条 SQL 语句, 建立 t_phone 表
13  cursor.execute('''create table if not exists t_phone
14                    (id int, name varchar(20) primary key,
15                     phone_number varchar(11))''')
16
17  print(' 创建表成功!')
18
19  cursor.close()          # 关闭 cursor
20  conn.commit()           # 提交事务
21  conn.close()    # 关闭数据库连接
```

运行结果：

连接数据库成功！
创建表成功！

知识点 14-4 数据库基本操作——插入操作

Program 14-4 ⟩ (code\ch14\insert_record.py)

程序要求： 练习通讯录插入操作。
程序代码：

```python
1   # 练习通讯录插入操作
2
3   import sqlite3
4
5   conn = sqlite3.connect('test.db')   # 建立数据库连接
6   print('连接数据库成功！')
7   cursor = conn.cursor()   # 建立游标
8
9   # 定义 SQL 语句
10  sql = '''insert into t_phone(id, name, phone_number) values
11                  (1, '张三', '13905310001'),
12                  (2, '李四', '13905310002'),
13                  (3, '王五', '13905310003')'''
14
15  try:
16      cursor.execute(sql)   # 执行 SQL 语句
17      conn.commit()   # 提交到数据库执行
18      rows = cursor.rowcount   # 通过 rowcount 获得插入的行数
19      print('数据插入成功！')
20      print('插入的记录数为：', rows)
21  except:
22      conn.rollback()   # 发生错误，回滚
23      print('error!')
24
25  cursor.close()   # 关闭游标
26  conn.close()   # 关闭数据库连接
```

运行结果:

连接数据库成功!

数据插入成功!

插入的记录数为:3

知识点 14-5　数据库基本操作——查询操作

Program 14-5 ▶ (code\ch14\select_records.py)

程序要求:通讯录查询。

程序代码:

```
1   # 通讯录查询
2
3   import sqlite3
4
5   conn = sqlite3.connect('test.db')    # 建立数据库连接
6   print('连接数据库成功! \n')
7   cursor = conn.cursor()# 建立游标
8   sql = 'select * from t_phone' # 定义SQL语句
9   cursor.execute(sql) # 执行SQL语句
10  records = cursor.fetchall()      # 获取查询所有结果,
11                          # 结果集是一个列表list,每个元素是一个元组tuple
12  print('查询结果集包含记录数: ',len(records), '\n')
13  # 遍历列表中的每条记录
14  for row in records:
15      print("ID = ", row[0])
16      print("NAME = ", row[1])
17      print("PHONE = ", row[2],'\n')
18
19  print('查询操作成功! ')
20  cursor.close()
21  conn.close()
```

运行结果:

连接数据库成功!

查询结果集包含记录数:3

```
ID =  1
NAME =  张三
PHONE =  13905310001

ID =  2
NAME =  李四
PHONE =  13905310002

ID =  3
NAME =  王五
PHONE =  13905310003
```

查询操作成功!

知识点 14-6　数据库基本操作——修改操作

Program 14-6 ▶ (code\ch14\update_records.py)

程序要求：通讯录修改。

程序代码：

```
1   # 通讯录修改
2
3   import sqlite3
4
5   conn = sqlite3.connect('test.db')
6   print("连接数据库成功！")
7
8   cursor = conn.cursor()
9   sql = "UPDATE t_phone set phone_number = '13905311111' where id =1 "
10
11  try:
12      cursor.execute(sql)    # 执行 SQL 语句
13      conn.commit()    # 提交到数据库执行
14      print ("被修改的记录数 :", conn.total_changes)# 显示被修改的记录数
15  except:
16      conn.rollback() # 发生错误，回滚
```

```
17     print('error!')
18
19  cursor.close()   # 关闭游标
20  conn.close()    # 关闭数据库连接
```

运行结果：

连接数据库成功！

被修改的记录数：1

知识点 14-7　数据库基本操作——删除操作

Program 14-7 (code\ch14\delete_records.py)

程序要求：练习删除操作。

程序代码：

```
1   # 删除操作
2
3   import sqlite3
4
5   conn = sqlite3.connect('test.db')
6   print ("连接数据库成功！")
7   cursor = conn.cursor()
8   sql = 'delete from t_phone'
9
10  try:
11      cursor.execute(sql)   # 执行SQL语句
12      conn.commit()   # 提交到数据库执行
13      print ("删除的记录数 :", conn.total_changes)
14  except:
15      conn.rollback()  # 发生错误，回滚
16      print('error!')
17
18  cursor.close()   # 关闭游标
19  conn.close()    # 关闭数据库连接
```

运行结果：

连接数据库成功！

删除的记录数：3

14.4 进阶实例

Program 14-8 code\ch14\ (phone_dict_on_database-4.py)

程序要求：建立一个通讯录，利用数据库进行存储（1. 添加；2. 修改；3. 删除；4. 查找；5. 显示全部记录；6. 退出）。

程序代码：

```
1   # 基于数据库实现通讯录
2
3   import sqlite3
4
5   # 建立数据库连接
6   conn = sqlite3.connect('phone_book.db')
7   #print(' 数据库连接成功！')
8
9   #conn.execute('drop table if exists t_info')
10
11  conn.execute ('''CREATE TABLE if not exists t_info(
12                      id integer primary key autoincrement,
13                      name    char(20)   not null,
14                      phone   char(20)   )''')
15  #print(' 建表成功！');
16
17  cursor = conn.cursor() # 建立游标
18
19  # 添加用户信息
20  def insert():
21      user_name = input(' 请输入用户名：')
22      sql = "SELECT name from t_info where name = '%s'"%user_name
23      cursor.execute(sql)
24      records = cursor.fetchall()
```

```python
25      if len(records) != 0:
26          print(" 该用户名已存在，请重新输入用户名！")
27      else:
28          phone_number = input(" 请输入电话号码:")
29          sql = "insert into t_info(name, phone) \
30              values('%s','%s')"%(user_name, phone_number)
31          conn.execute(sql)
32          conn.commit()
33          print(' 插入记录成功！')
34
35  # 删除用户信息
36  def delete():
37      delete_name = input(" 请输入所要删除的联系人姓名:")
38      sql = "SELECT name from  t_info where name = '%s'"%delete_name
39      cursor.execute(sql)
40      records =cursor.fetchall()
41
42      if len(records) == 0:
43          print('sorry, 不存在该用户！')
44      else:
45          sql = "DELETE from  t_info where name = '%s';"%delete_name
46          cursor.execute(sql)
47          conn.commit()
48          print(' 删除记录成功！')
49
50  # 修改用户信息
51  def modify():
52      user_name = input(" 请输入要修改用户的姓名:")
53      sql = "SELECT  name from  t_info where name = '%s'"%user_name
54      cursor.execute(sql)
55      records = cursor.fetchall()
56
57      if len(records) == 0:
58          print("sorry, 不存在该用户信息 ")
59      else:
```

```
60          new_num = input('输入用户的新号码：')
61          sql = "UPDATE t_info set phone = '%s' \
62                 where name = '%s';"%(new_num,user_name)
63          cursor.execute(sql)
64          conn.commit()
65          print('修改记录成功！')
66
67  # 查询用户信息
68  def find():
69      find_name = input('请输入要查询的用户姓名')
70      sql = "SELECT id,name,phone from t_info where name = '%s'"%find_name
71      cursor.execute(sql)
72      records = cursor.fetchall()
73
74      if len(records) == 0:
75          print("sorry,没有该用户信息")
76      else:
77          for row in records:
78              print ("id = ", row[0])
79              print ("name = ", row[1])
80              print ("phone = ",row[2], "\n")
81
82  # 显示所有用户信息
83  def showall():
84      sql = "SELECT id, name,phone from t_info"
85
86      cursor.execute(sql)
87      records = cursor.fetchall()
89
90      for row in records:
91          print ("id = ", row[0])
92          print ("name = ", row[1])
93          print ("phone = ",row[2], "\n")
94
```

```
95      print (" 显示所有用户信息成功！")
96
97      sql = "select count(*) from t_info"
98      cursor.execute(sql)
99      records =cursor.fetchall()
100     print(' 共有 %d 个用户 '%records[0])
101
102
103 def menu():
104     print('\n')
105     print('****** 功能菜单 *******')
106     print('1. 添加联系人 ')
107     print('2. 删除联系人 ')
108     print('3. 修改联系人 ')
109     print('4. 查询联系人 ')
110     print('5. 显示所有联系人 ')
111     print('6. 退出程序 ')
112     print(' 请输入您的选择（1-6）:')
113
114 def main():
115     while True:
116         menu()
117         n = input(' 请输入您的选择菜单号 :\n')
118         if n == '1':
119             insert()
120             continue
121         if n == '2':
122             delete()
123             continue
124         if n == '3':
125             modify()
126             continue
127         if n == '4':
128             find()
129             continue
```

```
130            if n == '5':
131                showall()
132                continue
133            if n == '6':
134                print("谢谢使用！")
135                break
136            else:
137                print("输入的选项不存在，请重新输入！")
138                continue
139
140  main()
```

运行结果：

```
****** 功能菜单 *******
1.添加联系人
2.删除联系人
3.修改联系人
4.查询联系人
5.显示所有联系人
6.退出程序
请输入您的选择（1-6）：
请输入您的选择菜单号：
5
id =  1
name =  aaa
phone =  111


id =  2
name =  bbb
phone =  222


id =  3
name =  ccc
phone =  333


显示所有用户信息成功！
```

共有 3 个用户

****** 功能菜单 *******

1. 添加联系人
2. 删除联系人
3. 修改联系人
4. 查询联系人
5. 显示所有联系人
6. 退出程序

请输入您的选择（1-6）：
请输入您的选择菜单号：
1
请输入用户名：ddd
请输入电话号码：444
插入记录成功！

****** 功能菜单 *******

1. 添加联系人
2. 删除联系人
3. 修改联系人
4. 查询联系人
5. 显示所有联系人
6. 退出程序

请输入您的选择（1-6）：
请输入您的选择菜单号：
2
请输入所要删除的联系人姓名：aaa
删除记录成功！

****** 功能菜单 *******

1. 添加联系人
2. 删除联系人
3. 修改联系人

4.查询联系人

5.显示所有联系人

6.退出程序

请输入您的选择（1-6）：

请输入您的选择菜单号：

5

id = 2

name = bbb

phone = 222

id = 3

name = ccc

phone = 333

id = 4

name = ddd

phone = 444

显示所有用户信息成功！

共有3个用户

****** 功能菜单 *******

1.添加联系人

2.删除联系人

3.修改联系人

4.查询联系人

5.显示所有联系人

6.退出程序

请输入您的选择（1-6）：

请输入您的选择菜单号：

3

请输入要修改用户的姓名:bbb

输入用户的新号码：211

修改记录成功！

****** 功能菜单 *******

1. 添加联系人

2. 删除联系人

3. 修改联系人

4. 查询联系人

5. 显示所有联系人

6. 退出程序

请输入您的选择（1-6）：

请输入您的选择菜单号：

4

请输入要查询的用户姓名 bbb

id = 2

name = bbb

phone = 211

****** 功能菜单 *******

1. 添加联系人

2. 删除联系人

3. 修改联系人

4. 查询联系人

5. 显示所有联系人

6. 退出程序

请输入您的选择（1-6）：

请输入您的选择菜单号：

5

id = 2

name = bbb

phone = 211

id = 3

name = ccc

phone = 333

id = 4

name = ddd

phone = 444

```
显示所有用户信息成功!
共有 3 个用户

****** 功能菜单 *******
1.添加联系人
2.删除联系人
3.修改联系人
4.查询联系人
5.显示所有联系人
6.退出程序
请输入您的选择（1-6）:
请输入您的选择菜单号:
6
谢谢使用
```

14.5 小结

本章主要介绍了如何使用 Python 操作 SQLite 数据库，包括数据库的基本操作（查询、插入、修改、删除）。

第15章
GUI 编程

本章学习重点

- tkinter 模块
- 事件处理
- 常用组件
- 实现一个通讯录
- 实现一个"石头－剪刀－布"的游戏
- 实现一个简单计算器

15.1 入门实例——第一个窗口程序

Program 15-1 (code\ch15\first_window.py)

程序要求：建立一个空白窗口。

程序代码：

```
1  # 第一个窗口程序
2
3  # 导入 tkinter 模块
4  import  tkinter
5
6  # 创建主窗口
7  main_window = tkinter.Tk()
8  # 启动程序
9  tkinter.mainloop()
```

运行结果如图 15-1 所示。

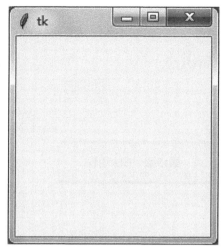

图 15-1　空白窗口

15.2　相关知识点

（1）
```
import tkinter
        ①
```
注释：
① 引入 tkinter 模块。

（2）
```
main_window = tkinter.Tk()    # 创建主窗口
      ①              ②
```
注释：
① 变量 main_window（指向一个窗口对象）；
② 调用 tkinter 模块的 Tk( ) 方法，实例化一个新的窗口对象（赋值给 main_window 变量）。

（3）
```
tkinter.mainloop()    # 启动程序
      ①
```
注释：
① 调用 tkinter 模块的 mainloop( ) 方法，进入事件（消息）循环。一旦检测到事件，就刷新组件。

15.3 GUI 编程知识点

知识点 15-1 tkinter 模块

图形用户界面（Graphical User Interfaces，GUI）允许用户使用屏幕上的图形化元素（如图标、按钮和对话框等）与操作系统或其他程序进行交互。

tkinter 是 Python 的标准 GUI 库，在 Python 中使用 tkinter 可以快速创建 GUI 应用程序。GUI 程序是事件驱动的，GUI 程序对于用户的行为，如单击按钮等行为做出相应的处理。

Program 15-2 (code\ch15\gui_hello_world.py)

程序要求：建立一个窗口程序，显示 Hello World!。

程序代码：

```
1   # 建立一个窗口程序，显示 Hello World!
2
3   # 导入 tkinter 模块
4   import  tkinter
5
6   def main():
7       # 创建主窗口
8       main_window = tkinter.Tk()
9       # 标签及布局
10      tkinter.Label(main_window, text='Hello World!').pack()
```

```
11      # 启动程序
12      tkinter.mainloop()
13
14  # 执行主程序
15  main()
```

运行结果如图 15-2 所示。

图 15-2 窗口程序

大多数程序员在编写 GUI 程序时喜欢采用面向对象的方法与其编写功能来创建程序的屏幕元素，一种更常见的做法是通过 __init__ 方法来构建 GUI 程序。

Program 15-3 (code\ch15\oop_gui_hello_world.py)

程序要求：建立一个窗口程序，显示 Hello World!。

程序代码：

```
1   # 建立一个窗口程序，显示 Hello World!
2
3   import tkinter
4
5   class MyGUI:
6       def __init__(self):
7           # 创建主窗口
8           self.main_window = tkinter.Tk()
9           # 标签及布局
10          self.label = tkinter.Label(self.main_window, text='Hello World!')
11          self.label.pack()
12
13          # 启动程序
14          tkinter.mainloop()
15
16  my_gui = MyGUI()
```

运行结果如图 15-3 所示。

图 15-3　窗口程序

知识点 15-2　mainloop( ) 函数

mainloop( ) 函数是一个无限循环，其用于在运行应用程序时，监听事件的发生，并在不关闭窗口的情况下处理该事件。

知识点 15-3　控件

tkinter 提供多种控件，如按钮、标签和文本框等，控件及对应的描述如表 15-1 所示。

表 15-1　控件及对应的描述

控　件	描　述
Button	按钮控件，单击按钮可导致一个事件发生
Canvas	画布控件，可用于显示图形的矩形区域
Checkbutton	多选框控件，用于在程序中提供多项选择框
Entry	输入控件，用于显示简单的文本内容
Frame	框架控件，可以作为容器，包含其他控件
Label	标签控件，可以显示文本或位图
Listbox	列表框控件，用户可以列表中选择项目
Menubutton	菜单按钮控件，用于显示菜单项
Message	消息控件，用于显示多行文本
Menu	菜单控件，显示菜单栏、下拉菜单和弹出菜单
Radiobutton	单选按钮控件，显示一个单选的按钮状态
Scale	范围控件，允许用户通过移动滑块来选择值
Scrollbar	滚动条控件，可以与其他类型的控件一起使用以提供滚动功能
Text	文本控件，用于显示多行文本
Toplevel	容器控件，用于提供一个单独的对话框，和 Frame 比较类似
tkMessageBox	用于显示应用程序的消息框

Program 15-4　(code\ch15\button_hello_world.py)

程序要求：建立一个窗口程序，单击"显示"按钮显示对话框"Hello World!"，单击"退出"按钮,退出程序。

程序代码:

```
1   # 建立一个窗口程序,单击"显示"按钮显示对话框 "Hello World!"
2
3   import tkinter
4   import tkinter.messagebox
5
6   class MyGUI:
7       def __init__(self):
8           self.main_window = tkinter.Tk()
9
10          # 设置窗口标题
11          self.main_window .title('第一个窗口程序')
12
13          # 设置窗口大小(宽和高)
14          self.main_window .geometry('700x350')
15
16          # 设置"显示"按钮
17          self.display_button = tkinter.Button(self.main_window, \
18                              text = 'display', \
19                              command = self.do_display)
20          # 设置"退出"按钮
21          self.exit_button = tkinter.Button(self.main_window, \
22                      text = 'exit', \
23                      command = 1  self.main_window.destroy)
24
25          self.display_button.pack()
26          self.exit_button.pack()
27
28      def do_display(self):
29          # 显示一个文本框
30          tkinter.messagebox.showinfo('信息框','Hello World!')
31
32  my_gui = MyGUI()
```

运行结果如图 15-4 所示。

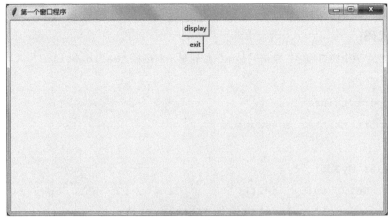

图 15-4　窗口程序

Program 15-5　(code\ch15\sum_square.py)

程序要求：建立一个窗口程序，计算两个数的平方和。

输入：两个数

输出：两个数的平方和

建立窗口程序示意图如图 15-5 所示。

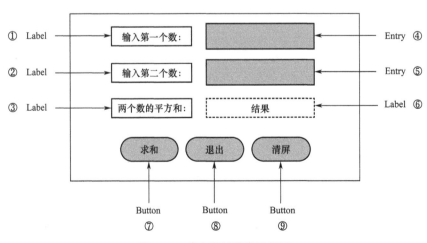

图 15-5　建立窗口程序示意图

程序代码：

```
1   # 计算两个数的平方和
2
3   import tkinter
4   class Sum_square:
5       def __init__(self):
6           self.main_window = tkinter.Tk()  # 创建主窗口
7
8           # 将窗口分成四个区域
9           self.t1_frame = tkinter.Frame(self.main_window)    # 利用Frame容器，对窗口分区
10          self.t2_frame = tkinter.Frame(self.main_window)
11          self.result_frame = tkinter.Frame(self.main_window)
12          self.button_frame = tkinter.Frame(self.main_window)
13
14          # 处理第一个数值
15          self.t1_label = tkinter.Label(self.t1_frame, text='请输入第一个数值')
16          self.t1_entry = tkinter.Entry(self.t1_frame, width=15)
17          self.t1_label.pack(side='left')    # 对控件进行布局，将控件从左向右排列
18          self.t1_entry.pack(side='left')
19
20          # 处理第二个数值
21          self.t2_label = tkinter.Label(self.t2_frame, text='请输入第二个数值')
22          self.t2_entry = tkinter.Entry(self.t2_frame, width=15)
23          self.t2_label.pack(side='left')
24          self.t2_entry.pack(side='left')
25
26          # 处理平方和
27          self.result_label = tkinter.Label(self.result_frame,text='两个数的平方和')
28          # 定义一个StingVar()对象
29          self.sum = tkinter.StringVar()
```

```
30          #sum_label 用于显示结果
31          self.sum_label = tkinter.Label(self.result_frame,
textvariable=self.sum)# 文本框的值是一个 StringVar 对象
32          self.result_label.pack(side='left')
33          self.sum_label.pack(side='left')
34
35          self.calc_button = tkinter.Button(self.button_frame,\
36                                  text='求平方和',\
37                                  command=self.calc_sum_square)
38          self.quit_button = tkinter.Button(self.button_frame,\
39                                  text='退出',\
40                                  command=self.main_window.destroy)
41
42          self.clear_button = tkinter.Button(self.button_frame,\
43                                  text='清屏',\
44                                  command=self.clear_item)
45          self.calc_button.pack(side='left')
46          self.quit_button.pack(side='left')
47          self.clear_button.pack(side='left')
48
49          self.t1_frame.pack()
50          self.t2_frame.pack()
51          self.result_frame.pack()
52          self.button_frame.pack()
53
54          tkinter.mainloop() #启动程序
55
56      def calc_sum_square(self):
57          self.t1 = float(self.t1_entry.get())
58          self.t2 = float(self.t2_entry.get())
59          self.result = self.t1**2 + self.t2**2
60          self.sum.set(self.result)
61      def clear_item(self):
62          self.t1_entry.delete(0)  #删除文本框的值
```

```
63        self.t2_entry.delete(0)
64        self.result = 0.0
65        self.sum.set(self.result)
66
67   s = Sum_square()
```

运行结果如图 15-6 所示。

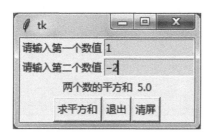

图 15-6　计算两个数的平方和

15.4　进阶实例

（1）实现一个简单的窗口版计算器

程序要求：编写一个简单的窗口版计算器（详见代码 code\ch15\calculater2.py），如图 15-7 所示。

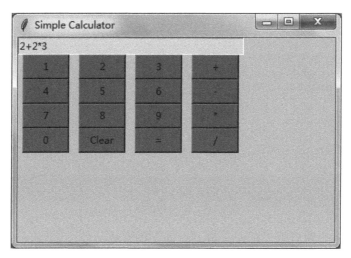

图 15-7　简单的窗口版计算器

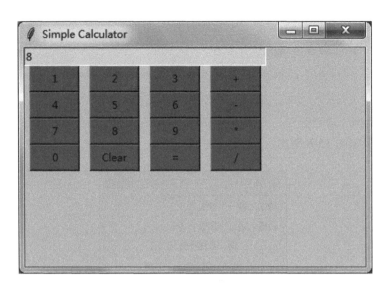

图 15-7　简单的窗口版计算器（续）

（2）编写一个窗口版通讯录

程序要求：编写一个窗口版通讯录（数据用数据库进行存储和管理，详见代码 code\ch15\example1.py），如图 15-8 所示。

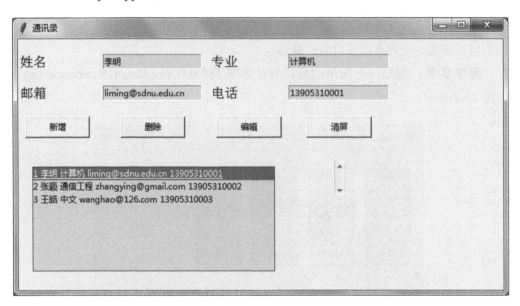

图 15-8　窗口版的通讯录

（3）实现一个窗口版"石头－剪刀－布"的游戏

程序要求：实现一个窗口版"石头－剪刀－布"的游戏（详见代码 code\ch15\stone_scissor-paper-2），如图 15-9 所示。

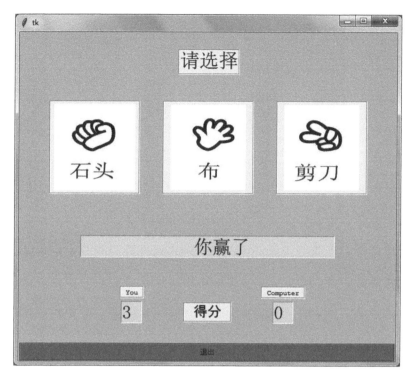

图 15-9　窗口版"石头 – 剪刀 – 布"的游戏

▶ 15.5　小结

本章主要介绍了 Python 中的 GUI 编程，介绍了事件处理，以及 tkinter 模块中的常用组件。

反侵权盗版声明

电子工业出版社依法对本作品享有专有出版权。任何未经权利人书面许可,复制、销售或通过信息网络传播本作品的行为;歪曲、篡改、剽窃本作品的行为,均违反《中华人民共和国著作权法》,其行为人应承担相应的民事责任和行政责任,构成犯罪的,将被依法追究刑事责任。

为了维护市场秩序,保护权利人的合法权益,我社将依法查处和打击侵权盗版的单位和个人。欢迎社会各界人士积极举报侵权盗版行为,本社将奖励举报有功人员,并保证举报人的信息不被泄露。

举报电话:(010)88254396;(010)88258888
传　　真:(010)88254397
E-mail:　dbqq@phei.com.cn
通信地址:北京市万寿路 173 信箱
　　　　　电子工业出版社总编办公室
邮　　编:100036